高等院校计算机应用系列教材

C 语言程序设计
（微课版）

赵 彩 杨宏霞 主 编

丁 凰 许大炜 田文文 薛 薇 副主编

清华大学出版社

北 京

内 容 简 介

本教材针对应用型人才培养目标，从学生思维方式、理解能力及后续课程中的应用等方面出发编写而成。全书分为 9 章，主要内容包括 C 语言概述，数据类型、运算符及表达式，常用输入输出函数，程序控制结构，数组，函数，指针，结构体与共用体，文件操作等。本书还在每一章的"编程经验"模块中融入各种编程小技巧，可使读者在学习过程中少走弯路，在掌握 C 语言技术精髓的同时快速提升 C 语言程序开发技能。

作为一本微课教材，本书配备了 121 集与实例同步的微课视频，学生可以跟着视频学 C 语言，高效、快捷。另外，本书配套了丰富的教学资源，如实例源代码、PPT 教学课件和课后习题答案，从而方便教师教学和读者自学。与本书同步的实验教材《C 语言程序设计实践教程》则能够方便读者深入学习 C 语言并进行上机操作。

本教材既可以作为高等学校本科及专科学生的 C 语言程序设计教材，也可以作为自学者的参考用书，同时可供各类计算机等级考试人员复习参考。

本书对应的电子课件、习题答案和实例源代码可以到 http://www.tupwk.com.cn/downpage 网站下载，也可通过扫描前言中的二维码下载。扫描封底二维码可以直接观看微课视频。

图书在版编目(CIP)数据

C 语言程序设计：微课版 / 赵彩，杨宏霞主编. —北京：清华大学出版社，2021.7
高等院校计算机应用系列教材
ISBN 978-7-302-58439-1

Ⅰ. ①C… Ⅱ. ①赵… ②杨… Ⅲ. ①C 语言—程序设计 Ⅳ. ①TP312.8

中国版本图书馆 CIP 数据核字(2021)第 102326 号

责任编辑：胡辰浩
封面设计：高娟妮
版式设计：妙思品位
责任校对：成凤进
责任印制：丛怀宇

出版发行：清华大学出版社

  网　　　址：http://www.tup.com.cn，http://www.wqbook.com
  地　　　址：北京清华大学学研大厦 A 座　　　　　邮　　编：100084
  社 总 机：010-62770175　　　　　　　　　　　　邮　　购：010-62786544
  投稿与读者服务：010-62776969，c-service@tup.tsinghua.edu.cn
  质 量 反 馈：010-62772015，zhiliang@tup.tsinghua.edu.cn

印 装 者：三河市科茂嘉荣印务有限公司
经　　销：全国新华书店
开　　本：185mm×260mm　　　印　　张：19.25　　　字　　数：493 千字
版　　次：2021 年 7 月第 1 版　　　印　　次：2021 年 7 月第 1 次印刷
定　　价：79.00 元

产品编号：092652-01

前　言

C 语言是世界上最重要、影响最深远的程序设计语言。在 C 语言的基础上，诞生了 C++、Java 等各种极具生产力的语言。根据世界编程语言排行榜，C 语言近二三十年来一直排在编程语言的第一位或第二位。只有真正掌握了 C 语言，才能深入理解当今计算机系统的工作原理。

程序设计既是一种技术，也是一项工程。作为一本程序设计教材，不仅要介绍关于 C 语言的基本语法知识，还要强调程序设计思想方法的掌握，并且着眼于应用现代软件工程的思想进行程序开发能力的训练。如何解决好以上三个方面的衔接，将它们有机地结合起来，是当前程序设计教材需要解决的一个重要问题，也是一个难点。本书在以下几个方面做了补充：

1) 讲解 C 语言最基本、最常用的内容，重点主要放在语言本身的难点和程序设计的思想、技巧方面；各章节之间密切结合并且以阶梯式前进，使读者在学习过程中能够循序渐进。

2) 书中每一章节的实例都配备了教学讲解微视频，使用手机扫描二维码即可观看、学习，能够快速引导初学者入门，感受编程的快乐和成就感，进一步增强学习的信心。

3) 通过第 9 章的综合案例提供完整的软件系统开发过程，将每一章的知识点融入其中，使读者学以致用，最终能够开发出学生信息管理系统，并且得到设计软件的实践经验。

4) 每一章的"本章小结"和"编程经验"部分总结了一些易错的概念和知识点。通过介绍一些软件开发过程中的编程经验，本书使读者在学习过程中就能领悟到高质量的 C 语言编程知识。

5) 本书加入了计算机等级考试中的部分经典试题，使学生学完后，不仅能够掌握 C 语言的理论知识，具备一定的实践能力，而且能够为参加计算机等级考试打下基础。

本书由西安交通大学城市学院的赵彩、杨宏霞、丁凰、许大炜、田文文、薛薇老师编写。感谢西安交通大学陆丽娜老师对本书提出了一些很好的建议。感谢西安交通大学城市学院领导对我们的关心、支持和帮助。

欢迎使用本书进入美妙的 C 语言世界。C 语言博大精深，本书只是从实用易懂的角度来描述 C 语言，希望能够抛砖引玉，使读者尽可能达到一种专业的编程境界。

由于笔者的水平和编程经验有限，加之时间比较紧促，本书尚有很多不足之处，希望能够得到专家和读者的指正。我们的信箱是 992116@qq.com，电话是 010-62796045。

本书配套的电子课件、习题答案和实例源代码可以到 http://www.tupwk.com.cn/downpage 网站下载，也可通过扫描下方的二维码下载。扫描下方二维码可以直接观看微课视频。

电子课件、习题答案和实例源代码　　　　　多媒体视频教程

作　者

2021 年 2 月

目　　录

第 1 章

C 语言概述

本章概览

本章首先简单介绍 C 语言的发展、特点和强大应用，然后详细介绍开发工具 Visual C++ 6.0 的安装与配置，最后通过三个简单程序带领大家体验 C 语言的编程过程并了解程序的基本组成。"千里之行，始于足下！"下面就开始我们的 C 语言编程之旅吧！

知识框架

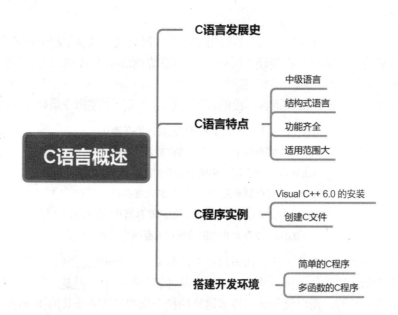

1.1 C语言发展史

1.1.1 程序语言简述

1. 机器语言

计算机诞生之初，人们只能直接用二进制形式的机器语言写程序。对于人类而言，二进制的机器语言很不方便，用它写程序非常困难，不但工作效率极低，程序的正确性难以保证，而且即便有错误也很难辨认和改正。下面是一台假想的计算机上的指令序列：

```
0000000100000001000 --将存储单元 1000 中的数据装入寄存器 0
0000000100010001010 --将存储单元 1010 中的数据装入寄存器 1
0000010100000000001 --将寄存器 1 中的数据乘到寄存器 0 中的原有数据上
0000000100010001100 --将存储单元 1100 中的数据装入寄存器 1
0000010000000000001 --将寄存器 1 中的数据加到寄存器 0 中的原有数据上
0000001000000001110 --将寄存器 0 中的数据存入存储单元 1110
```

以上指令序列描述的是计算算术表达式 a × b + c(这里的符号 a、b、c 分别代表地址为 1000 、1010 和 1100 的存储单元)，而后将结果保存到存储单元 1110 的计算过程(程序)。复杂的程序如果用二进制的机器语言来写的话，将十分困难且难以理解。

2. 汇编语言

为缓解使用机器语言的问题，人们研究出了以符号形式表示且使用起来相对容易的汇编语言。使用汇编语言编写的程序需要经专用软件(汇编系统)加工并翻译成二进制的机器指令后，才能在计算机上使用。

下面是使用某种假想的汇编语言写出的程序，它能完成与上述指令系列相同的工作：

```
load 0 a --将存储单元 a 中的数据装入寄存器 0
load 1 b --将存储单元 b 中的数据装入寄存器 1
mult 0 1 --将寄存器 1 中的数据乘到寄存器 0 中的原有数据上
load 1 c --将存储单元 c 中的数据装入寄存器 1
add 0 1 --将寄存器 1 中的数据加到寄存器 0 中的原有数据上
save 0 d --将寄存器 0 中的数据存入存储单元 d
```

汇编语言的每条指令对应一条机器语言指令，但采用了助记的符号名，存储单元也用符号形式的名称来表示，这样每条指令的意义就更容易理解和把握了。但是，使用汇编语言编写的程序仍然完全没有结构，而仅仅是使用许多这样的指令堆积形成的长长的指令序列，可谓一盘散沙。因此，复杂程序作为整体仍然难以理解。

3. 高级程序语言

为克服低级语言(机器语言与汇编语言)的缺点，1954 年诞生了第一个高级程序语言 FORTRAN，它采用接近于人们习惯使用的自然语言，用类似数学表达式的形式描述数据计算。

FORTRAN 不仅提供了有类型的变量，而且提供了一些流程控制机制，如循环和子程序等。这些高级机制使编程者可以摆脱许多具体细节，方便了复杂程序的书写，写出的程序更容易阅读，错误也更容易辨认和改正了。FORTRAN 语言在诞生后受到广泛欢迎。

高级程序语言更接近人们习惯的描述形式，更容易被接受，从而促使更多的人加入程序设计活动中。使用高级语言书编写程序的效率更高，使人们开发出更多的应用系统，这反过来又大大推动了计算机应用的发展。计算机应用的发展又推动了计算机工业的大发展。可以说，高级程序语言的诞生和发展，对于计算机发展到今天起到极其重要的作用。从 FORTRAN 语言诞生至今，人们提出的编程语言超过千种，其中大部分只是实验性的，只有少数编程语言得到广泛使用，如 C、C++、Pascal、Ada、Java、LISP、Smalltalk、PROLOG 等，这些编程语言都曾在计算机程序语言或计算机的发展历史上起过(有些仍在起着)极其重要的作用。随着时代的发展，如今绝大部分程序都是使用高级程序语言编写的。人们也已习惯于用程序设计语言特指各种高级程序语言。使用高级程序语言(例如 C 语言)描述前面同样的程序片段时，只需要一行代码：

$$d = a * b + c;$$

这表示要求计算机求出等于符号右边的表达式，然后将计算结果存入由 d 代表的存储单元中。这种表示方式与人们熟悉的数学形式直接对应，因此更容易阅读和理解。高级程序语言完全采用符号形式，使人们可以摆脱难用的二进制形式和具体计算机的细节。此外，高级程序语言还提供了许多高级的程序结构，从而方便人们组织复杂的程序。

计算机能否理解使用这些高级程序语言编写的指令呢？答案是不能，那么如何使计算机执行用高级程序语言编写的程序指令呢？我们需要将这些程序指令翻译成机器指令。编译器就是这样一种用来完成上述翻译任务的特殊程序，每一种编程语言都有不同的编译器。编译器有如下两种工作方式：

- 编译方式。人们首先针对具体的编程语言(例如 C 语言)开发出翻译软件(程序)，其功能是将采用这种高级程序语言编写的程序翻译为所使用计算机的机器语言的等价程序。这样，在使用这种高级编程语言写出程序后，只要将它们发送给翻译程序，就能得到与之对应的机器语言程序。此后，只要命令计算机执行机器语言程序，计算机就能执行我们所要完成的工作了。
- 解释方式。人们首先针对具体的高级程序语言开发解释软件，其功能是逐条读入使用高级程序语言编写的程序，并一步步地按照程序的要求开展工作，完成程序描述的计算任务。有了解释软件，直接将写好的程序发送给运行着解释软件的计算机，就可以完成程序描述的任务了。

1.1.2　C 语言的发展过程

C 语言是由 UNIX 的研制者 Dennis Ritchie(丹尼斯•里奇)和 Ken Thompson(肯•汤普逊)于 1970 年在 BCPL 语言(简称 B 语言)的基础上发展并完善起来的一种编程语言。20 世纪 70 年代初期，AT&T Bell 实验室的程序员丹尼斯•里奇第一次把 B 语言改为 C 语言。

最初，C 语言运行于 AT&T 的多用户、多任务的 UNIX 操作系统上。后来，丹尼斯•里奇用 C 语言改写了 UNIX C 的编译程序，UNIX 操作系统的另一名研制者肯•汤普逊又用 C 语言成功改写了 UNIX，从此开创了编程史上的新篇章。UNIX 成为第一个不是使用汇编语言编写的主流操作系统。

随着计算机应用的发展，人们强烈地希望 C 语言能成为一种更安全可靠、不依赖于具体计算机和操作系统(如 UNIX)的标准程序设计语言。美国国家标准局(ANSI)于 20 世纪 80 年代专门成立了小组来研究 C 语言的标准化问题，并于 1988 年颁布了 ANSI C 标准。这个标准已被国际标准化组织和各国标准化机构接受，也被采纳为中国国家标准。此后，经过人们持续的努力和推动，于 1999 年通过了 ISO/IEC 9899:1999 标准(一般称为 C99)，这一新标准对 ANSI C 做了一些小的修订和扩充。

1.2 C 语言特点

C 语言之所以能被计算机界广泛接受，缘于 C 语言自身的如下特点。

(1) C 语言是中级语言。C 语言把高级语言的基本结构和语句与低级语言的实用性结合了起来。C 语言可以像汇编语言一样对位、字节和地址进行操作，而这三者是计算机最基本的工作单元。

(2) C 语言是结构式语言。结构式语言的显著特点是代码与数据实现了分隔，换言之，程序的各个部分除必要的信息交流外彼此独立。这种结构化方式可使程序层次清晰，便于使用、维护及调试。C 语言是以函数形式提供给用户的，这些函数除方便调用外，还具有多种循环和条件语句，用于控制程序流向，从而使程序完全结构化。

(3) C 语言功能齐全。C 语言具有各种各样的数据类型，还引入了指针的概念，可使程序效率更高。另外，C 语言的计算功能、逻辑判断功能也比较强大。

(4) C 语言适用范围大。C 语言适用于多种操作系统，如 Windows、DOS、UNIX 等，并且适用于多种机型。

对于编写需要结合硬件进行操作的场合，C 语言明显优于其他编程语言，一些大型应用软件就是使用 C 语言编写的。

C 语言得到业界的广泛赞许。一方面，C 语言在程序设计语言研究领域具有一定价值，由它引出了不少后继语言，另有许多语言吸收了 C 语言的不少优点。另一方面，C 语言对计算机工业和应用的发展也起到十分重要的推动作用。正是由于这些原因，C 语言的设计者获得了世界计算机科学技术界的最高奖——图灵奖。

1.3 简单的 C 程序实例

1.3.1 C 语言程序的构成与格式

我们先通过几个简单的程序来了解 C 语言程序的编写特点。

【例 1-1】输出 "This is a C program."

```
#include <stdio.h>                      // 编译预处理命令
```

```
void main( )                          // 定义 main 函数
{                                     // 函数开始的标志
    printf("This is a C program.\n");  // 输出一行信息
}                                     // 函数结束标志
```

程序运行结果如图 1-1 所示。

(1) 上面这个简单的 C 语言程序可分为两个基本部分：第一行是特殊行，include <stdio.h>说明程序需要用到 C 语言系统提供的标准功能(参考标准库文件 stdio.h)。其他几行是程序的基本部分。

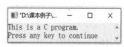

图 1-1　程序运行结果

(2) main 是主函数名，void 是函数类型。每个 C 语言程序都必须有一个 main 函数，main 函数是每个 C 语言程序的执行起点(入口点)。

main 函数的函数体是用一对花括号{ }括起来的。{和}是函数的开始和结束标志,不可省略。main 函数中的所有操作(或语句)都在这对花括号之间。也就是说，main 函数的所有操作都在 main 函数体中。

(3) printf 是 C 语言提供的库函数，功能是进行输出(显示在计算机屏幕上)，此处用于输出字符串"This is a C program.\n"，也就是在计算机屏幕上显示"This is a C program."。其中的\n表示输出后换行。

(4) 注意，函数体中的每条语句必须以分号结束。

(5) 在使用库函数中的输入输出函数时，必须提供有关这些函数的信息: #include <stdio.h>。

【例 1-2】用 C 语言解决求和问题。

```
#include <stdio.h>
void main( )
{
    int a,b,sum;              // 定义变量 a、b、sum
    a=123;b=456;             /*以下 3 行为 C 语句*/
    sum=a+b;
    printf("sum=%d\n",sum);   // %d 为格式控制符
}
```

程序运行结果如图 1-2 所示。

(1) 同样，这个程序也必须包含 main 函数作为程序的执行起点。{和}之间为 main 函数的函数体，main 函数的所有操作都在 main 函数体中。

图 1-2　程序运行结果

(2) 注释可以使用//以及/*和*/来标识。从//开始到换行符结束的内容为单行注释，使用/*和*/括起来的内容为段落注释。注释只是为了改善程序的可读性，在编译、运行时不起作用。因此，注释可以使用汉字或英文字符，既可以出现在一行中的最右侧，也可以单独成为一行。注释允许占用多行，只是需要注意/*与*/必须配对使用，一般不要嵌套使用。

(3) 语句 t a,b,sum;定义了三个整数类型的变量 a、b、sum。C 语言中的变量必须先声明再使用。

(4) a=123;b=456;是两条赋值语句，作用是将整数 123 赋给整型变量 a，并将整数 456 赋给整型变量 b。注意这是两条语句，每条语句均以;结束。也可以将这两条语句写成两行:

```
a=123;
b=456;
```

由此可见，C语言程序的书写可以相当随意，但是为了保证代码容易阅读，建议遵循一定的规范。

(5) sum=a+b;的作用是将a、b两个变量的值相加，然后将结果赋给整型变量sum。此时，sum变量的值为579。

(6) printf("sum=%d\n",sum);的作用是调用库函数printf以输出sum变量的值。%d为格式控制符，表示sum变量的值将以十进制整数形式输出。

【例1-3】输入两个数，输出其中较大的那个数。

```
#include <stdio.h>
void main( )
{                                    // main 函数体开始
    int a,b,c;                       // 定义变量a、b、c
    scanf("%d,%d",&a,&b);            // 输入变量a和b的值
    c=max(a,b);                      // 调用max函数，将调用结果赋给变量c
    printf("max=%d",c);              // 输出变量c的值
}                                    // main 函数体结束
int max(int x,int y)                 // max 函数用于判断并返回两个数中较大的那个数
{                                    // max 函数体开始
    int z;                           // 定义函数体中的变量z
    if(x>y) z=x;                     // 若x>y，将x的值赋给变量z
    else z=y;                        // 否则，将y的值赋给变量z
    return z;                        // 将变量z的值返回到调用max函数的地方
}                                    // max 函数体结束
```

程序运行结果如图1-3所示。

(1) 这个程序包括两个函数。其中，main函数仍然是整个程序的执行起点，max函数的功能是计算两个数中较大的那个数。

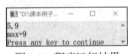

图1-3　程序运行结果

(2) main函数首先调用scanf函数以获得两个整数，将它们存入变量a和b，然后调用max函数以获得两个数中较大的那个数并赋给变量c，最后输出变量c的值(结果)。

(3) int max(int x,int y)是max函数的函数头，这表明max函数将获得两个整型参数并返回一个整数。

(4) max函数同样使用花括号{}将函数体括起来。max函数的函数体是函数功能的具体实现：从参数中获得数据，处理后得到结果，然后将结果返回给调用函数main。

例1-3还表明除了调用库函数之外，还可以调用用户自己定义并编写的函数。

1.3.2　C语言程序的结构

结合上面的三个例子，大家对C语言程序的基本组成和形式(程序结构)应该有了初步的了解：

(1) C语言程序由多个函数构成。

① C 语言程序至少需要包含一个 main 函数，也可以包含一个 main 函数和若干其他函数。函数是 C 语言程序的基本单位。

② 被调用的函数可以是系统提供的库函数，也可以是用户根据需要自行设计编写的函数。C 语言是函数式语言，程序的全部工作都是由各个函数完成的。编写 C 语言程序就是编写一个个函数。

③ 函数库非常丰富，ANSI C 提供了 100 多个库函数。

(2) main 函数(主函数)是每个程序的执行起点。

main 函数既可以放在整个程序的最前面，也可以放在整个程序的最后，还可以放在其他函数之间。但 C 程序总是从 main 函数开始执行，而不论 main 函数处在程序中的什么位置。

(3) 函数由函数头和函数体两部分组成。

① 函数头。函数的第一行，格式如下：

返回值类型　函数名([函数参数类型 1　函数参数名 1],…,[函数参数类型 n，函数参数名 n])

例如 int max(int x, int y);。

注意：函数可以没有参数，但是后面的一对圆括号不能省略，这是规定。

② 函数体。在函数头的下方，使用一对花括号括起来的部分为函数体。如果函数体内有多对花括号，那么最外层才是函数体的范围。函数体一般都包括声明部分和执行部分。

```
{
    [声明部分]: 定义函数需要使用的变量。
    [执行部分]: 由若干语句组成的命令序列(可在其中调用其他函数)。
}
```

(4) C 语言程序书写自由。

① 在书写 C 语言程序时，一行可以写一条或多条语句，一条语句也可以分多行书写。

② C 语言程序没有行号，并且没有像 FORTRAN、COBOL 那样严格规定书写格式(语句必须从某一列开始)。

③ 每条语句在最后必须以分号结束。

(5) 可以使用//以及/*和*/对 C 语言程序中的任何部分进行注释。

注释可以提高程序的可读性，使用注释是编程人员必须养成的良好习惯。使用注释的原因如下：

① 编写好的程序往往需要修改、完善，事实上，并不存在任何不需要修改和完善的应用系统。很多人会发现，自己编写的程序在经历了一些时间以后，由于缺乏必要的文档和注释，最后连自己都很难再读懂，因而需要花费大量时间重新思考和理解原来的程序。如果一开始就对程序进行注释，刚开始虽然麻烦一些，但日后可以节省大量的时间。

② 实际的应用系统往往由多人合作开发，程序文档、注释是其中重要的交流工具。

(6) C 语言本身不提供输入输出语句，输入输出操作是通过调用库函数(如 scanf、printf 函数)完成的。

输入输出操作涉及具体的计算机硬件，把输入输出操作放在函数中进行处理，可以简化 C 语言的编译系统，便于 C 语言在各种计算机上实现。不同的计算机系统需要对函数库中的函数进行不同的处理，以便实现相同或类似的功能。

不同的计算机系统除了提供函数库中的标准函数之外，还会按照硬件情况提供一些专用函数。因此，不同计算机系统提供的函数在数量和功能上也存在一定差异。

1.3.3 良好的编程风格

C 语言是一种"格式自由"的编程语言，除若干简单限制外，编写程序的人完全可以根据自己的想法和需要选择程序格式，确定在哪里换行，在哪里增加空格等。这些格式变化并不影响程序的意义，但是，不规定程序格式并不说明格式不重要。对于阅读而言，程序格式非常重要。在多年的程序设计实践中，人们在这方面的认识得到了统一。由于程序可能很长，结构可能很复杂，因此程序必须采用良好的格式来编写，所用格式应很好体现程序的层次结构，反映各个部分之间的关系。

关于程序格式，人们普遍采用的方式如下：

- 在程序里适当加入空行，分隔程序中处于同一层次的不同部分。
- 将同一层次的不同部分对齐排列，下一层次的内容通过适当地添加空格(在一行的开头添加空格)，使程序结构更清晰。
- 在程序里添加一些说明性信息。

大家在刚开始学习程序设计时就应养成注意程序格式的习惯。对于小的程序，虽然采用良好格式的优势并不明显，但对于稍大一点的程序，情况就不一样了。有人为了方便，根本不关心程序格式，想的只是少输入几个空格或换行，这样做的结果就是导致自己在随后的程序调试检查中遇到更多麻烦。正因为如此，这里特别提醒读者：注意程序格式，从一开始编写最简单的程序时就注意养成好习惯。目前多数程序设计语言(包括 C 语言)都是格式自由语言，这使人们能够十分方便地根据自己的需要和习惯写出具有良好格式的程序。总之，优秀的程序员往往：

- 使用 Tab 键缩进代码。
- 对齐各个层次的花括号。
- 添加足够的注释并使用适当的空行。

1.4 搭建 Visual C++ 6.0 开发环境

"工欲善其事，必先利其器"，本节将详细介绍学习 C 语言程序开发的常用工具：Visual C++ 6.0。Visual C++ 6.0 是功能强大的可视化软件开发工具，已将程序的代码编辑、编译、连接和调试等功能集于一身。

1.4.1 Visual C++ 6.0 的安装

Visual C++ 6.0(中文版)的具体安装步骤如下：

(1) 双击 Visual C++ 6.0 安装文件夹中的 SETUP.EXE 安装文件，如图 1-4 所示。弹出如图 1-5 所示的"程序兼容性助手"界面，单击"运行程序"按钮，进入安装向导界面。

(2) 在如图 1-6 所示的界面中单击"下一步"按钮，进入如图 1-7 所示的"最终用户许可协议"界面，选中"接受协议"单选按钮，然后单击"下一步"按钮。

图 1-4　双击安装文件　　　　图 1-5　单击"运行程序"按钮

图 1-6　进入安装向导　　　　　　图 1-7　"最终用户许可协议"界面

(3) 进入如图 1-8 所示的"产品号和用户 ID"界面，根据自身情况填写姓名和公司名称，也可采用默认设置，单击"下一步"按钮。

(4) 进入"Visual C++ 6.0 中文企业版"界面，如图 1-9 所示。选中"安装 Visual C++ 6.0 中文企业版"单选按钮，然后单击"下一步"按钮。

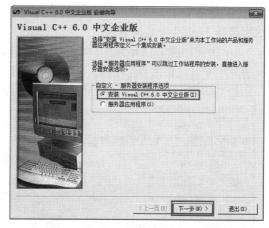

图 1-8　"产品号和用户 ID"界面　　　图 1-9　"Visual C++ 6.0 中文企业版"界面

(5) 进入"选择公用安装文件夹"界面，如图 1-10 所示。公用文件默认存储在 C 盘中，单击"浏览"按钮，可选择其他存放位置。单击"下一步"按钮，进入如图1-11所示的安装程序的欢迎界面，单击"继续"按钮。

（6）进入如图1-12所示的产品ID确认界面。此处显示了我们将要安装的Visual C++ 6.0软件的产品ID，在向微软请求技术支持时，需要提供软件的产品ID，单击"确定"按钮。

（7）如果读者的计算机中安装过Visual C++ 6.0，尽管已经卸载，在重新安装时也仍会提示如图1-13所示的信息。安装软件检测到系统之前安装过Visual C++ 6.0，如果想要覆盖安装的话，单击"是"按钮；如果要将Visual C++ 6.0安装到其他位置，单击"否"按钮。这里单击"是"按钮，继续安装。

图1-10 "选择公用安装文件夹"界面

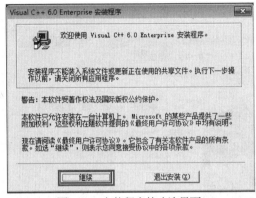

图1-11 安装程序的欢迎界面

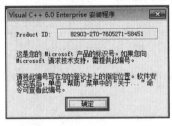

图1-12 产品ID确认界面

图1-13 覆盖以前的安装

（8）进入如图1-14所示的安装类型选择界面。Typical为典型安装，Custom为自定义安装，这里选择Typical安装类型。

（9）进入如图1-15所示的环境变量注册界面。选中Register Environment Variables复选框以注册环境变量，单击OK按钮。

图1-14 安装类型选择界面

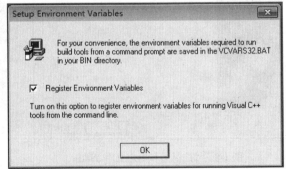

图1-15 环境变量注册界面

(10) 进入如图 1-16 所示的 Visual C++ 6.0 安装进度界面，当进度条达到 100%时，表示安装成功，如图 1-17 所示。

图 1-16　安装进度界面　　　　　图 1-17　安装成功

1.4.2　使用 Visual C++ 6.0 创建 C 文件

安装完之后，就可以使用 Visual C++ 6.0 创建 C 文件了，步骤如下：

(1) 选择"开始"菜单中的 Microsoft Visual C++ 6.0 命令，如图 1-18 所示。

图 1-18　启动 Visual C++ 6.0 开发环境

(2) 进入 Visual C++ 6.0 开发界面，如图 1-19 所示。

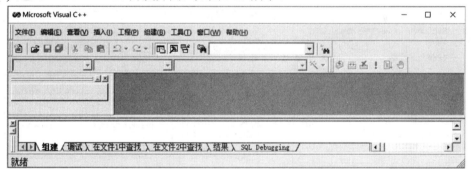

图 1-19　Visual C++ 6.0 开发界面

(3) 在编写程序之前，我们需要新建程序文件。在 Visual C++ 6.0 开发界面中选择"文件"菜单中的"新建"选项，如图 1-20 所示，或者按 Ctrl+N 快捷键，打开"新建"对话框。

图 1-20　选择"新建"选项

(4) 在"新建"对话框中选择想要创建的文件类型。首先选择"文件"选项卡，下方的列表框中显示了可以创建的文件类型。因为要创建 C 源文件，所以选择 C++ Source File 选项。在右侧的"文件名"文本框中输入所要创建的文件的名称，例如 hello.c。在"位置"文本框设置源文件的保存地址，可以通过单击右边的 ⋯ 按钮来修改源文件的存储位置。具体操作如图 1-21 所示。

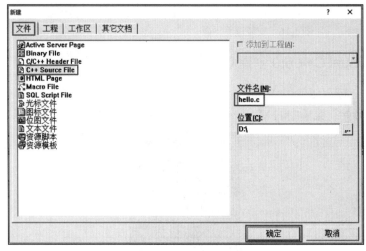

图 1-21   创建 C 源文件

(5) 输入文件名称并指定源文件的保存地址后，单击"确定"按钮，即可成功创建一个新的 C 源文件。此时，我们可以在开发环境中看到创建好的 C 源文件，如图 1-22 所示。

(6) 现在开始编写程序代码。程序代码的输入界面如图 1-23 所示。

图 1-22   新创建的 C 源文件

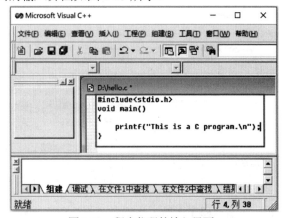

图 1-23   程序代码的输入界面

(7) 编写完程序后，选择"组建"菜单中的"编译"选项，对程序进行编译，如图 1-24 所示。

(8) 系统弹出如图 1-25 所示的提示框，询问是否创建默认的项目工作环境。

(9) 单击"是"按钮，此时会询问是否改动源文件的保存地址，如图 1-26 所示。

(10) 单击"是"按钮，开始编译程序。程序如果没有错误，即可被成功编译。单击工具栏中的 ⊞ 按钮，使用连接程序创建.exe 文件。最后，单击工具栏中的 ! 按钮，即可显示程序的执行结果。

图 1-24　选择"编译"选项

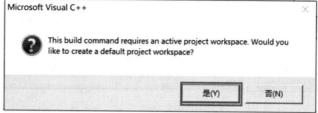

图 1-25　询问是否创建默认的项目工作环境

图 1-26　询问是否改动源文件的保存地址

1.4.3　Visual C++ 6.0 中 C 文件的编辑、编译与运行

C 语言是高级程序设计语言，使用 C 语言编写的程序通常称作 C 语言源程序(扩展名为.c)，这种程序虽然容易使用、书写和阅读，但计算机不能直接执行，因为计算机只能识别和执行二进制形式的机器语言程序。为使计算机完成某个 C 语言源程序描述的工作，就必须首先把这个 C 语言源程序转换成二进制形式的机器语言程序，这种转换被称为"C 语言源程序的加工"。"C 语言源程序的加工"包括"编译"和"连接"两个步骤，如图 1-27 所示。

图 1-27　C 语言源程序的加工

第一步，由编译程序对源文件进行分析和处理，生成相应的机器语言目标模块，由目标模块构成的代码文件称为目标文件(扩展名为.obj)。目标文件还不能执行，因为缺少运行 C 语言程序所需的运行系统。此外，C 语言程序一般都要使用函数库提供的某些功能，例如标准函数库中的输出函数 printf。

第二步，由连接程序将编译后得到的目标模块与其他必要部分(运行系统、函数库提供的功能模块等)拼装起来，组成可执行程序(扩展名为.exe)。

1.4.4　编程中的注意事项

程序设计是一种智力劳动，编程时面对的是需要解决的问题，最终完成的是符合解题要求的程序。有了编程语言之后，该如何着手编写程序呢？在程序设计领域里，解决小问题与解决大问题，为完成练习而写程序与为解决实际应用需求而写程序之间并没有本质的区别。

使用编程语言编写程序时需要注意以下几个重要方面：

(1) 培养分析问题的能力，特别是从计算和程序的角度分析问题的能力。应学会从问题出发，通过逐步分析和分解，把原始问题转换为能用计算机通过程序方式解决的问题。在此过程中，构造出解决方案。这方面的探索没有止境，许多专业性问题都需要用计算机来解决。为此，参与者既需要熟悉计算机，又需要熟悉专业领域；未来的世界将特别需要这种复合型人才。虽然课程和教科书里的问题很简单，但它们是通向复杂问题的桥梁。

(2) 掌握所使用的编程语言，熟悉编程语言中的各种结构，包括它们的形式和意义。编程语言是解决程序问题的工具，要想写好程序，就必须熟悉编程语言。应注意，熟悉编程语言绝不是背诵定义，这种熟悉过程只有在程序设计实践中才能完成。就像上课再多也不能学会开车一样，仅靠看书、读程序、抄程序不可能真正学会写程序，必须反复亲手实践。

(3) 学会写程序。虽然写过程序的人很多，但是会写程序、能写出好程序的人不多。什么是"好程序"？例如，为解决同样的问题，使写出的程序比较简单就是衡量标准之一。这里可能有算法的选择问题，有语言的使用问题，还需要确定适用的程序结构等。除了程序本身是否正确之外，人们还特别关注写出的程序是否具有良好的结构，是否清晰，是否易于阅读和理解，以及当问题中的有些条件或要求发生改变时，它们是否容易修改以满足新的要求，等等。

(4) 检查程序错误的能力。初步编写的程序通常会包含一些错误。虽然编译系统能帮我们查出其中一些错误，并通告发现错误的位置，但确认实际错误和实际位置，以及确定应如何改正等，这些永远是编程人员自己的事。对于系统提出的各种警告，以及系统无法检查出来的错误的认定等，更需要编程人员具备一定的纠错能力，这种能力也需要在学习过程中有意识地加以锻炼。

(5) 熟悉所使用的工具和环境。程序设计需要用到一些编程工具，当在具体的计算机环境中进行编程时，熟悉工具和环境是很重要的。大部分读者可能要用某种集成开发环境进行编程，熟悉这种集成开发环境能够大大提高我们的工作效率。

1.5 本章小结

本章主要介绍了以下内容：
(1) C语言的发展过程。
(2) C语言的特点与标准化。
(3) 通过三个简单的C语言实例了解C语言程序的结构。
(4) Visual C++ 6.0开发环境的搭建，C文件的创建、编辑、编译与运行。
(5) 了解C语言程序的执行过程。
(6) 养成良好的编程风格，了解编程中的注意事项。

1.6 编程经验

(1) 在实际的编程过程中，如果遇到C语言的某些特征不清楚，可以编写小的程序运行一下，看看得到的结果和自己了解到的是否一致，从而加深理解。

(2) 所有的不以花括号开始和结束的语句都必须以分号结束，以#开始的语句除外。

(3) 一般不要在一行中编写多行语句。

(4) 在编写程序时，花括号应该成对出现；否则，当花括号中的程序较长时，可能会忘记输入匹配的}符号。

(5) C 语言对大小写很敏感，所以在编写 C 语言程序时，大小写一定要分清楚。

(6) 在自定义函数中，一定要添加注释。

1.7　本章习题

1. 简述 C 语言的基本特点。

2. 举例说明 C 语言程序由哪几部分组成。

3. C 语言程序从开发到执行一般需要经过几个阶段？各个阶段的作用是什么？

4. 熟悉自己学习 C 语言程序设计时准备使用的编译系统或集成开发环境，了解编译系统的基本使用方法、基本操作(命令方式或包含窗口和菜单的图形界面方式)，弄清楚如何取得联机帮助信息。设法找到并翻阅编译系统的手册，了解手册的结构和各部分的基本内容。了解在编译系统中编写简单程序的基本步骤。安装并熟悉 Visual C++。

5. 输入本章正文中给出的 C 程序实例(注意程序格式)，在自己选用的系统中创建 C 源程序；对 C 源程序进行加工，得到对应的可执行程序；运行可执行程序，看看效果如何(输出了什么信息等)。

6. 下列 C 语言程序的写法是否正确？若有错误，请改正。

```
1) void main()                      2) void main
   {                                    {
       printf("C program1")                printf("C program1");
   }                                       printf("C program2");
                                        }
```

7. 在 C 语言中，main 函数的用途是什么？

8. 描述 C 语言程序从编辑到运行都经过了哪些过程？

9. 说明源代码和可执行程序之间的关系。

10. 编写一个 C 语言程序，生成以下图形。

```
   *
  ***
 *****
*******
 *****
  ***
   *
```

11. 选择题

(1) 关于程序设计的步骤和顺序，以下说法中正确的是____。

    (A) 确定算法后，整理并写出文档，最后进行编码和上机调试。

    (B) 首先确定数据结构，然后确定算法，编码并上机调试，最后整理文档。

    (C) 首先编码和上机调试，然后在编码过程中确定算法和数据结构，最后整理文档。

    (D) 首先写好文档，然后根据文档进行编码和上机调试，最后确定算法和数据结构。

(2) 计算机能直接执行的是____。

    (A) 源程序   (B) 目标程序   (C) 汇编程序   (D) 可执行程序

(3) 以下叙述中错误的是____。

    (A) C语言的可执行程序是由一系列机器指令构成的。

    (B) 用C语言编写的源程序不能直接在计算机上运行。

    (C) 通过编译得到的二进制目标程序需要连接才可以运行。

    (D) 在没有安装C语言集成开发环境的计算机上，不能运行通过C源文件生成的.exe文件。

第 2 章
数据类型、运算符及表达式

本章概览

    大家现在一定十分渴望开始编写程序，与计算机进行实际的交互。但是，在开始编写真正有用的程序之前，我们必须先学习一些与 C 语言有关的基本概念。本章首先简单介绍常用数制以及常用数制整数之间的转换方法，然后介绍 C 语言的基本概念，包括常量、变量、标识符、简单数据类型、运算符、表达式和类型转换等。这些都是进行 C 语言程序设计时需要掌握的基础知识，初学者可能觉得这些知识有点枯燥、琐碎且难以记忆，但是它们都很重要，需要重点掌握。

知识框架

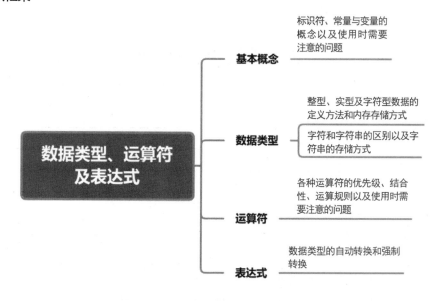

2.1 数制

数制又称计数制，是指使用一组有限的符号和统一的规则来表示数值。可使用的数字符号的数目称为基数，假设基数为 n，则称为 n 进制。在日常生活中，常用的计数制是十进制，使用 0~9 共 10 个阿拉伯数字进行计数。

除了使用十进制进行计数以外，还有许多非十进制的计数方法。在计算机领域，常见的计数制还有二进制、八进制和十六进制。任意一个数字都可以使用不同的进制来表示。比如：十进数 $(68)_{10}$ 可以用二进制表示为 $(1000100)_2$，也可以用八进制表示为 $(104)_8$，还可以用十六进制表示为 $(44)_{16}$。

2.1.1 常用数制

数码是数制中表示基本数值大小的不同数字符号。例如，十进制有 10 个数码——0、1、2、3、4、5、6、7、8、9；二进制有两个数码——0、1；八进制有 8 个数码——0、1、2、3、4、5、6、7；十六进制则有 16 个数码——0、1、2、3、4、5、6、7、8、9、A、B、C、D、E、F。

基数是数制使用的数码个数。例如，二进制的基数为 2，八进制的基数为 8，十进制的基数为 10，十六进制的基数为 16。

数制中某一位上的 1 所表示的数值大小(所处位置的价值)称为位权。对于 N 进制数，整数部分的第 i 位(从右向左数)的位权为 $N^{(i-1)}$。例如，在十进制数 123 中，3 的位权是 $10^0=1$，2 的位权是 $10^1=10$，1 的位权是 $10^2=100$；在二进制数 1011 中，从右侧开始第一个 1 的位权是 $2^0=1$，第二个 1 的位权是 $2^1=2$，0 的位权是 $2^2=4$，第三个 1 的位权是 $2^3=8$。

表 2-1 列出了几种常用数制的数值对应关系。注意，八进制数没有 8 和 9，二进制数 1000 对应的八进制数是 10，二进制数 1001 对应的八进制数是 11。

表 2-1 常用数制的数值对应关系

二进制	十进制	八进制	十六进制
0	0	0	0
1	1	1	1
10	2	2	2
11	3	3	3
100	4	4	4
101	5	5	5
110	6	6	6
111	7	7	7
1000	8	10	8
1001	9	11	9
1010	10	12	A
1011	11	13	B
1100	12	14	C

二进制	十进制	八进制	十六进制
1101	13	15	D
1110	14	16	E
1111	15	17	F

1. 十进制

十进制是我们日常生活中最常用的计数制，基数是 10，有 10 个数字符号——0、1、2、3、4、5、6、7、8、9。其中，最大数码是"基数"减 1，也就是 9，最小数码是 0。

2. 二进制

二进制是计算机内部采用的计数制。在计算机中，所有数据都需要转换为二进制后才能处理，这是由硬件电路的特性决定的。我们存放在计算机中的视频、图片、音乐等，也都是以二进制数码形式存放的。二进制的基数是 2，只有两个数字符号——0 和 1。在给定的数中，如果除了 0 和 1 之外还有其他数字符号，如 1061，那就绝不会是二进制数。

3. 八进制

八进制的基数是 8，有 8 个数字符号——0、1、2、3、4、5、6、7。对比十进制可以看出，八进制相比十进制少了两个数字符号 8 和 9。因此，当给定的数中出现 8 或 9 时，如 23459，那就绝不会是八进制数。八进制数的最大数码是 7，最小数码是 0。

4. 十六进制

在编写程序时，十六进制用得较多，有 16 个数字符号，除了使用十进制中的 10 个数字符号之外，还使用了 6 个英文字母，这 16 个数字符号依次是 0、1、2、3、4、5、6、7、8、9、A、B、C、D、E、F。其中，A~F 分别代表十进制中的 10~15。如果给定的数中出现了字母符号，如 63AB，那就一定不会是八进制数或十进制数。十六进制数的最大数码是"基数"减 1，也就是 15(在十六进制中为 F)，最小数码是 0。

2.1.2　常用数制整数之间的转换

这里只讲述常用数制整数之间的转换，不涉及小数部分的转换，我们提到的数字均指整数。

1. 非十进制向十进制转换

将非十进制数转换为十进制数的方法是，首先将数字按权位展开，然后将各项相加，即可得到相应的十进制数。这种方法被称为"按权相加"法。

例如：

● 二进制数$(1010)_2$可按权展开为$1 \times 2^3 + 0 \times 2^2 + 1 \times 2^1 + 0 \times 2^0 = 8 + 0 + 2 + 0 = (10)_{10}$。

- 八进制数$(123)_8$可按权展开为$1\times8^2+2\times8^1+3\times8^0=64+16+3=(83)_{10}$。
- 十六进制数$(12D)_{16}$可按权展开为$1\times16^2+2\times16^1+13\times16^0=256+32+13=(301)_{10}$。

2. 十进制向二进制转换

在将十进制数转换为二进制数时，采用的是“除 2 取余，逆序排列”法。具体做法是：用 2 整除十进制数，得到商和余数；再用 2 整除商，又会得到商和余数；如此重复进行，直到商小于 1 为止；然后把先得到的余数作为二进制数的低位有效位，而把后得到的余数作为二进制数的高位有效位，依次排列起来。图 2-1 以$(36)_{10}$为例说明了从十进制数向二进制数转换的具体过程，将得到的余数逆序写出来，便可以得到$(36)_{10}=(100100)_2$。

		余数	
2	36		
2	18	0	36÷2=18……余 0
2	9	0	18÷2=9……余 0
2	4	1	9÷2=4……余 1
2	2	0	4÷2=2……余 0
2	1	0	2÷2=1……余 0
2	0	1	1÷2=0……余 1

图 2-1　十进制数向二进制数转换

3. 二进制与八进制互换

将八进制数转换成二进制数的方法是，将每 1 位八进制数直接写成相应的 3 位二进制数。例如：$(123)_8=(001\ 010\ 011)_2=(1010011)_2$。

将二进制数转换成八进制数的方法是，从右向左将每 3 位二进制数分成一组，不足 3 位的话，高位用 0 补足 3 位，然后将每一组二进制数直接写成相应的八进制数。例如：$(11110101)_2=(011\ 110\ 101)_2=(365)_8$。

4. 二进制与十六进制互换

将十六进制数转换成二进制数的方法是，将每 1 位十六进制数直接写成相应的 4 位二进制数。例如：$(4DF)_{16}=(0100\ 1101\ 1111)_2=(10011011111)_2$。

将二进制数转换成十六进制数的方法是，从右向左将每 4 位二进制数分成一组，不足 4 位的话，高位用 0 补足 4 位，然后将每一组二进制数直接写成相应的十六进制数。例如：$(100010110011101)_2=(0100\ 0101\ 1001\ 1101)_2=(459D)_{16}$。

2.2 常量与变量

C 语言中存在着两种数据表征形式：常量和变量。常量用来表征数据的值，变量不但可用来表征数据的值，还可用来存放数据。

2.2.1 常量

在程序运行过程中，值不能改变的量称为常量或常数。常量有两种类型：直接常量和符号常量。

1. 直接常量

直接常量又称值常量。根据数据类型的不同，分为：

- 整型常量，如 12、0、028。
- 实型常量，如 4.6、−1.2、3.14、78e2。
- 字符常量，如'A'、'z'、'n'。
- 字符串常量，如"What a wonderful day!"。

2. 符号常量

在 C 语言中，还可以使用标识符来表示常量，称为符号常量。符号常量在使用前需要明确定义。当定义符号常量时，需要在源文件的开头使用宏命令，也就是#define 命令。使用#define 宏命令定义符号常量的形式如下：

```
#define 符号常量名 常量      //注意行尾没有分号，并且不需要指定常量的数据类型
```

【例2-1】符号常量的使用。

```c
#include<stdio.h>
#define PRICE 100
#define DISCOUNT 0.8
void main( )
{
    int total;
    total=10*PRICE*DISCOUNT;
    printf("total=%d\n",total);
    total=100*PRICE*DISCOUNT;
    printf("total=%d\n",total);
}
```

程序运行结果如图 2-2 所示。

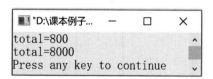

图 2-2 程序运行结果

在上述程序中，PRICE 和 DISCOUNT 都是符号常量，值分别为 100 和 0.8，此后凡是出现 PRICE 和 DISCOUNT 的地方，都会用 100 和 0.8 进行替代。替代工作是在预处理阶段进行的，编译器不会为符号常量分配存储空间。

使用符号常量的好处有以下两点：首先是含义清楚，在上述程序中，凡是出现 PRICE 的地

方，我们都知道表示的是 100；其次，当符号常量被多次引用时，可以简化数据的输入，而当需要修改符号常量的值时，只需要对符号常量的定义进行修改即可。

注意：

(1) #define 是宏命令而非 C 语句，所以行尾不加分号。

(2) 推荐使用大写字母定义符号常量的名称，从而与变量标识符区分开来。当然，也可以使用小写，但前后必须一致，因为 C 语言严格区分字母的大小写。

(3) 不要使用赋值语句为符号常量赋值。如果不小心书写了对符号常量进行赋值的语句，编译器会报错。

(4) 不要指定符号常量的数据类型，也不要在常量名和常量值之间添加等号=。

例如：

#define PRICE=100 是错误的。

#define int PRICE 100 也是错误的。

使用符号常量时，需要特别注意符号常量的定义格式，以免出现上述错误。

2.2.2 变量

在程序运行过程中，值可以改变的量称为变量。在定义变量时，需要指定变量的名称。变量在定义后就会拥有一个具有特定属性的内存存储单元，这个内存存储单元用来存放数据。

C 语言规定：变量必须先定义，后使用。

每个变量都有名称，称为变量名。定义变量就是进行变量的声明并指明变量的数据类型，这相当于对变量进行注册。运行程序时，编译器将根据变量的数据类型，在内存中分配大小合适的存储空间，这样就可以将变量名与对应的存储空间联系起来。定义变量的一般格式如下：

> 数据类型 变量 1[,变量 2,…, 变量 n];

例如：int a,b=10;

其中，int 是类型标识符，a 和 b 是变量名，10 是变量 b 的初值。上述语句定义了两个 int 型变量，其中变量 a 未赋初值，变量 b 则在定义的同时被赋予初值。

变量的三要素：变量名、变量在内存中占据的存储单元、变量值。这三个要素之间的关系如图 2-3 所示。变量名在程序运行过程中不会改变，但变量的值是可以改变的。

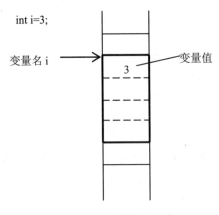

图 2-3 变量的三要素

注意：

(1) 变量在命名时需要遵守标识符定义规则，习惯上变量名用小写字母表示。为增强程序的可读性，所用标识符最好能"见名知意"。例如，表示年级的变量名用 grade 就比用 a 效果要好。

(2) 再强调一次，C 语言规定变量必须"先定义，后使用"。通常在函数开头定义局部变量，在源文件的开头定义全局变量。

(3) 应避免使用 C 语言中的关键字和保留字命名变量。

(4) C 语言对大小写敏感。例如，PRICE、Price 和 prcie 是三个不同的变量，书写时请注意保持大小写一致。

2.2.3　变量的初始化

请按顺序执行如下 4 条语句：

```
int Cats;
printf("%d\n",Cats);        //通常会在计算机屏幕上显示一个大的整数
Cats = 2;                   //将变量 Cats 的值设为2
printf("%d\n",Cats);
```

请问，在 Cats = 2;这条语句执行之前，变量 Cats 的值是多少？

答案是：变量 Cats 的值将是一个不确定的数。在上述代码中，第一条语句创建了变量 Cats，编译器会给 Cats 变量分配对应的存储空间，但编译器不会预先清空这部分存储空间，也就是说，Cats 指向的是含有残留数据的存储空间。因此，如果仅仅定义变量而不进行初始化，变量中存放的将是没有意义的数值。

在声明变量的同时进行初始化是一种非常好的编程习惯，因为这样既可以避免将不明来源的数据带入程序，也可以避免在创建变量时使用系统垃圾值，从而减小程序出错的概率。示例如下所示：

```
int Cats = 2;
```

以上语句在将变量 Cats 声明为 int 类型的同时设定初值为 2。

2.3　标识符和关键字

前面介绍了常量和变量，接下来说明一下在对常量和变量以及后面将要介绍的数组、函数和指针等对象进行命名时需要注意的有关事项。

2.3.1　标识符

在编写程序时，用来对符号常量、变量、数组、函数等对象进行命名的字符序列统称标识符。简单地说，标识符就是对象的名称，定义标识符就是为对象取名。前面用到的变量名 a 和 b、符号常量名 PRICE 和 DISCOUNT，以及函数名 printf 等都是标识符。在 C 语言中，标识符的定义规则如下：

(1) 标识符中只能包含字母、数字和下画线三种字符，第一个字符必须是字母或下画线，不能以数字开头。

下面是一些合法的标识符：

sum	average	_total	Class	day	stu_name	p4050

以下则是一些不合法的标识符：

M.D.John(出现非法字符.)	$123(以$开头)
#33(以#开头)	3D64(以数字开头)

以下画线开头的标识符已保留给系统使用，编写程序时一般不要使用这种标识符，以免与系统内部使用的标识符重名。

(2) C语言对大小写敏感。在标识符中，如果同一字母的大小写形式不同，那么它们将被看作不同的标识符。例如，a 和 A 是两个不同的标识符，name、Name、NAME、naMe 和 nMAE 也是互不相同的标识符。因此，在编写程序时，请注意保持大小写一致。

(3) 标识符可以包含的字符个数取决于编译器，遵循 C 语言标准的编译器至少支持 31 个字符，通常只要不超过这个长度就没有问题，但各个编译系统也都有自己的规定和限制。例如，假设某编译系统规定 8 个字符有效，此时 student_name 和 student_number 就是两个相同的标识符。

(4) 标识符既不能与 C 语言中的关键字同名，也不能与系统预先定义的标识符同名。

2.3.2 关键字

在 C 语言的合法标识符中，有个特殊的小集合称为关键字。作为关键字的标识符在程序中具有预先定义好的特殊意义，因此不能用于其他目的，更不能作为普通标识符使用。C 语言中的关键字共 32 个，如下所示。

- 基本类型关键字(5 个)：void、char、int、float、double。
- 类型修饰关键字(4 个)：short、long、signed、unsigned。
- 复杂类型关键字(5 个)：struct、union、enum、typedef、sizeof。
- 存储级别关键字(6 个)：auto、static、register、extern、const、volatile。
- 跳转结构关键字(4 个)：return、continue、break、goto。
- 分支结构关键字(5 个)：if、else、switch、case、default。
- 循环结构关键字(3 个)：do、for、while。

我们现在不准备对它们做更多解释。随着学习的不断深入，读者会逐步接触并记住它们，目前只需要了解关键字这个概念即可。

除关键字外，C 语言中还有一些预定义的标识符，如下所示，这些标识符也不能用作变量名、函数名等。

#define	#endif	#ifdef	#ifndef
#include	#line	#undef	

命名问题并非 C 语言特有，每种程序语言都会规定对象的命名形式。除了不能使用关键字和预定义的标识符之外，编写程序时几乎可以使用任何合法的标识符对自己定义的对象进行命名，名称可以自由选择。命名问题并非一件无关紧要的事情。合理选择程序对象的名称能为写程序、读程序提供有益的提示。因此，我们倡导采用能说明程序对象内在含义的标识符。换言之，程序对象的名称应当具有一定的意义，尽可能做到"见名知意"。与标识符 cp 相比，诸如 current_page 这样的标识符虽然长，却更有助于识别和使用。

2.4 数据类型

C 语言要求在定义变量时就指定变量的数据类型。为什么要这样做呢？在数学中，数值是不分类型的。例如，7 与 8 的乘积是 56，1 除以 3 的值是 0.33333…；而在计算机中，数据是存放在存储单元中的，这些存储单元在物理上是真实存在的，它们由有限数量的字节构成，所以在计算机中既不可能存放"无穷大"的数，也不可能存放位数无限多的小数。

C 语言允许使用的数据类型如图 2-4 所示。其中，基本类型(包括整型和实型)和枚举类型的值都是数值，统称算术类型。算术类型和指针类型统称纯量类型，因为它们的值是以数字来表示的。枚举类型是程序中由用户定义的整数类型。数组类型和结构体类型统称组合类型，共用体类型不属于组合类型，因为在同一时间内只有一个成员有值。函数类型用来定义函数，包括函数返回值的数据类型和参数类型。

不同类型的数据在内存中占用的存储单元的长度是不同的。例如，Visual C++ 6.0 会为 char型(字符型)数据分配 1 字节，而为 int 型(基本整型)数据分配 4 字节。另外，用来存储不同类型数据的方法也是不同的。本节只介绍基本数据类型的应用，其他数据类型将在后续章节中逐步介绍。

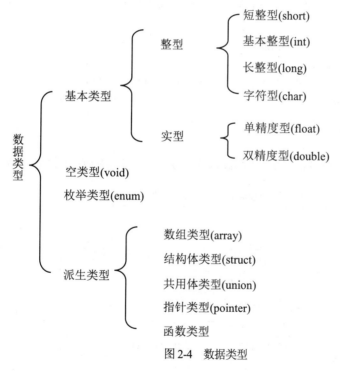

图 2-4 数据类型

2.4.1 整型数据

1. 整型常量的表示方法

在 C 语言中，整型常量可以分别用十进制、八进制和十六进制形式来表示。

(1) 十进制整数不以数字 0 开头。

例如：123 –456 0

(2) 八进制整数以数字 0 开头。

例如：$0123=(123)_8=(83)_{10}$ $-011=(-11)_8=(-9)_{10}$

(3) 十六进制整数以 0x 或 0X 开头。

例如：$0x123=(123)_{16}=(291)_{10}$ $-0x12=(-12)_{16}=(-18)_{10}$

有了上述 3 种表示方法，就可以对整型变量进行赋值了，如下所示：

```
int   n1= 60;          // n1 的值为(60)₁₀
int   n2= 060;         // n2 的值为(48)₁₀
int   n3= 0x6a;        //n3 的值为(106)₁₀
```

2. 整型数据在内存中的存放形式

在计算机中，内存的最小存储单位是"位"(bit)。计算机会把 8 个二进制位组成 1 个"字节"(Byte)，并给每一个字节分配一个地址。整型数据在内存中是以二进制形式存放的，事实上，正整数以"原码"形式存放，负整数以"补码"形式存放。

补码的计算方法如下：正数的补码就是此数的二进制形式，也就是原码，符号位用 0 表示；对于负数来说，则首先将此数的绝对值写成二进制形式(原码)，然后对所有二进制位按位取反加 1，符号位用 1 表示。

例如，整数 10 和-10 的补码分别为：

$10=(1010)_2=(0000,0000,0000,1010)_原=(0000,0000,0000,1010)_补$

$-10=(-1010)_2=(1000,0000,0000,1010)_原=(1111,1111,1111,0110)_补$

通过比较 10 和-10 的补码可以看出：正数的补码与对应负数的补码看上去明显不同。

3. 整型变量的定义

整型变量的基本类型为 int。通过添加修饰符，便可定义更多的整型数据，如表 2-2 所示。

表 2-2   Visual C++ 6.0 中定义的整型数据

类型	占用的字节数	数值范围
[signed] int	4	-2 147 483 648～2 147 483 647，也就是-2^{31}～$(2^{31}-1)$
[signed] short [int]	2	-32 768～32 767，也就是-2^{15}～$(2^{15}-1)$
[signed] long [int]	4	-2 147 483 648～2 147 483 647，也就是-2^{31}～$(2^{31}-1)$
[signed] long long	8	-9 223 372 036 854 775 808～9 223 372 036 854 775 808，也就是-2^{63}～$(2^{63}-1)$
unsigned [int]	4	0～4 294 967 295，也就是 0～$(2^{32}-1)$
unsigned short [int]	2	0～65 535，也就是 0～$(2^{16}-1)$
unsigned long [int]	4	0～4 294 967 295，也就是 0～$(2^{32}-1)$
unsigned long long	8	0～18 446 744 073 709 551 615，也就是 0～$(2^{64}-1)$

根据表达范围，整型可以分为基本整型(int)、短整型(short int)、长整型(long int)、双长整型(long long，这是 C99 新增的数据类型，许多编译系统尚未实现)。使用双长整型可以表示更大范围的整数，但会降低运算速度。

根据是否有符号，整型可以分为有符号(signed，默认)整型和无符号(unsigned)整型。有符号整型数的存储单元的最高位是符号位(0 表示正，1 表示负)，其余位为数值位；无符号整型数的存储单元的全部二进制位则都用于存放数值本身而不包含符号。

常用整型变量的定义格式如下。

● 基本整型(int)变量占用 4 字节空间，定义格式如下：

```
int 变量名表;                //定义有符号的基本整型变量
unsigned int  变量名表;      //定义无符号的基本整型变量
```

● 短整型(short int)变量占用 2 字节空间，定义格式如下：

```
short  变量名表;               //定义有符号的短整型变量
unsigned short  变量名表;      //定义无符号的短整型变量
```

● 长整型(long int)变量占用 4 字节空间，定义格式如下：

```
long  变量名表;               //定义有符号的长整型变量
unsigned long 变量名表;       //定义无符号的长整型变量
```

【例2-2】定义整型变量。

```
#include <stdio.h>
void main( )
{
    int a,b,c,d;
    a=7;
    b=-7;
    c=a+b;
    d=b-a;
    printf("%d,%d\n",c,d);
}
```

程序运行结果如图 2-5 所示。

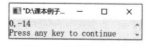

图 2-5　程序运行结果

注意：

(1) 定义变量时，数据类型说明符与变量名之间至少要用一个空格分开，在最后一个变量名之后，必须以分号结尾。

(2) 可以一次性定义多个相同类型的变量，各个变量之间需要使用逗号进行分隔。

(3) 变量在使用之前必须先定义。

(4) 可以在定义变量的同时对变量进行赋值。

(5) 在 Visual C++ 6.0 中，由于为 int 型和 long int 型数据分配的都是 4 字节的存储单元，因此 int 型和 long int 型变量的取值范围一致，一般使用 int 型变量即可。

2.4.2 实型数据

实型数据又称浮点数据，主要用来表示具有小数点的数据。

1. 实型常量的表示方法

实型常量有两种表示方法。

- 小数形式，这种实型常量由数字和小数点组成(必须有小数点)。例如：1.234、1234.、123.4、0.0。
- 指数形式，这种形式与数学中的指数形式类似，格式为 aEn，表示 $a \times 10^n$。例如：1.23e2 表示 1.23×10^2，567e8 表示 567×10^8。

注意：

(1) 使用指数形式表示实数时，字母 e 或 E 之前必须有数字，e 后面的指数必须为整数。例如：e3、2.1e3.5、.e3、e 都不是合法的指数形式。

(2) 所谓规范化的指数形式，是指字母 e 或 E 之前的数用小数表示，并且小数点的左边应当有且只有一位非零数字。例如：2.3478e2、3.0999E5、6.46832e12 都是规范化的指数形式。

(3) 编译系统会将实型常量作为双精度实数来处理，这样可以保证较高的精度，缺点是运算速度会降低。在实型常量的后面加小写字母 f 或大写字母 F，如 1.65f、654.87F，编译系统将按单精度型处理实数；在实型常量的后面加小写字母 l 或大写字母 L，如 1.65l、654.87L，编译系统将按长双精度型处理实数。

2. 实型数据在内存中的存放形式

单精度型数据在内存中一般占 4 字节(32 位)的存储空间。与整数的存储方式不同，实型数据是按照指数形式存储的。系统将实型数据分为小数部分和指数部分分别存放。例如，实型数据 3.14159 在存储空间中的存放示意图如图 2-6 所示。

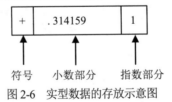

图 2-6 实型数据的存放示意图

C 语言并没有规定用多少位表示小数部分，也没有规定用多少位表示指数部分，这些都由 C 编译系统来定。例如，很多编译系统以 24 位表示小数部分，以 8 位表示指数部分。小数部分占用的位数多，表示实型数据的有效位数也多，因此精度高；指数部分占用的位数多，则表示实型数据的取值范围较大。

3. 实型变量的定义

C 语言中的实型变量分为单精度(float)、双精度(double)和长双精度(long double)三种类型，它们的定义格式如下。

- 单精度实型变量占用 4 字节的存储空间，定义格式为：float 变量名表;。
- 双精度实型变量占用 8 字节的存储空间，定义格式为：double 变量名表;。
- 长双精度实型变量占用 16 字节的存储空间，定义格式为：long double 变量名表;。

表 2-3 展示了实型数据占用的存储空间以及可以表示的数值范围。

表 2-3　实型数据的相关情况

类型	占用的字节数	有效数字位数	数值范围
float	4	6	$-3.4e^{38} \sim 3.4e^{38}$
double	8	15	$-1.7e^{308} \sim 1.7e^{308}$
long double	8	15	$-1.7e^{308} \sim 1.7e^{308}$
	16	19	$-3.4e^{4932} \sim 3.4e^{4932}$

注意：

(1) 实型变量也应该先定义，后使用。

(2) 在 Visual C++ 6.0 中，所有的 float 型数据都会被自动转换成 double 型进行处理。

(3) 不同的编译系统针对 long double 型数据的处理方法也不同。Turbo C 会为 long double 型数据分配 16 字节的存储空间；而 Visual C++ 6.0 则对 long double 型和 double 型数据一视同仁，都分配 8 字节的存储空间。请读者在使用不同的编译系统时注意以上差别。

4. 实型数据的精度

在计算机中，数据是使用有限的存储单元进行存储的，因此实型数据提供的有效数字位数是有限的，处于有效位之外的数字将变得不准确，并由此可能引起实型数据的舍入误差。

【例 2-3】将一个有效数字位数超过 7 位的数赋值给 float 型变量时，将引起实型数据的舍入误差，但这并不是程序本身的错。

```
#include <stdio.h>
void main( )
{
    float x=123456789;
    double y=123456789;
    x=x-50;
    y=y-50;
    printf("\nx=%f,y=%f",x,y);
}
```

程序运行结果如图 2-7 所示。

图 2-7　程序运行结果

从运行结果可以看出：float 型变量 x 只准确接收了前 7 位，从第 8 位开始数据变得不再准确。因此，当使用实型数据时，一定要注意可能产生的舍入误差。

实型数据由于存在舍入误差，因此在使用时请注意以下事项：

(1) 不要试图用实数精确表示大的整数。记住：实数是不精确的。实数若超出有效位，则超出部分会变得不准确，产生误差。

(2) 一般不判断实数是否"相等"，而是判断是否接近或近似。应避免直接将一个很大的数与一个很小的数相加或相减，否则可能会"丢失"那个很小的数。

(3) 应根据运算需求选择使用单精度实型还是双精度实型。

2.4.3 字符型数据

1. 字符型变量

在 C 语言中，字符型变量是使用关键字 char 进行定义的，在定义的同时可以赋初值。字符型变量的定义格式一般如下：

```
char 变量名表;
```

在定义字符型变量时，应注意变量的命名应符合标识符的命名规则。下面是字符型变量的定义范例：

```
char c1,c2='s';
```

上述语句定义了两个字符型变量 c1 和 c2，同时变量 c2 被赋值为's'。

2. 普通字符常量

有两种形式的字符常量：一种是普通字符常量；另一种是转义字符常量。

普通字符常量是使用单引号括起来的单个字符，如'a'、'Z'、'3'、'?'、'#'等，不能写成'ab'或'12'。请注意，单引号只是定界符，字符常量只能是单个字符，不包括单引号。当把字符常量存储到计算机的存储单元中时，并不是存储字符本身(如 a、Z、#等)，而是存储对应的编码(一般采用 ASCII 码)。例如，字符'a'的 ASCII 码值是 97，因此存储单元中存放的是 97(以二进制形式存放)。

注意：

(1) 单引号中的字符如果大小写形式不同，则代表不同的字符。例如，'a'和'A'是不同的字符常量。

(2) 空格(' ')也是字符常量，不能写成两个连续的单引号(")。

(3) 字符常量只能包含一个字符。因此，c1='a'和 c2='A'是合法的，而 c1='ok'和 c2='we'是非法的。

(4) 字符常量只能用单引号括起来，而不能用双引号括起来。因此，"A"不是字符常量，而是一个字符串。

3. 转义字符常量

除以上形式的普通字符常量外，C 语言还允许使用一种特殊形式的字符常量，就是以反斜杠(\)开头的字符序列。例如，printf 函数中的'\n'表示换行，'\t'表示跳转到下一个水平制表位置。以上这些无法在屏幕上显示的"控制字符"，在程序中也无法用普通字符来表示，而只能采用这样的特殊表示形式。也可以这样理解，当计算机遇到反斜杠(\)开头的字符序列时，就会对它们进行转义处理。表 2-4 列出了常用的转义字符及其含义。

表 2-4　常用的转义字符及其含义

转义字符	字符值	输出结果
\n	换行符	将当前位置移到下一行的开头
\t	水平制表符	将当前位置移到下一个水平制表位置
\v	垂直制表符	将当前位置移到下一个垂直制表位置
\b	退格符(backspace)	将当前位置后退一个字符
\r	回车符(carriage return)	将当前位置移到下一行的开头
\f	换页符(form feed)	将当前位置移到下一页的开头
\a	警告(alert)	产生报警音
\\	反斜杠(\)	输出反斜杠字符
\?	问号(?)	输出问号字符
\'	单引号(')	输出单引号字符
\"	双引号(")	输出双引号字符
\0	空格符	输出空格符
\o、\oo、\ooo o 代表八进制数字	八进制数对应的字符	最多与 3 位八进制数对应的字符
\xh、\xhh h 代表十六进制数字	十六进制数对应的字符	最多与两位十六进制数对应的字符

【例 2-4】使用转义字符控制输出。

```c
#include <stdio.h>
void main(   )
{
  printf("\n\t\101");          // 将光标移到下一行的行首，再移到下一个水平制表位置，输出 A
                               // 将(101)8=(65)10，对应 A 的 ASCII 码值
  printf("\n\t\bb");           // 将光标移到下一行的行首，再移到下一个水平制表位置
                               // 然后将光标后退一格，输出 b
  printf("\n\\*hello*\\");     // 将光标移到下一行的行首，输出\*hello*\
  printf("\n\t\x41");          // 将光标移到下一行的行首，再移到下一个水平制表位置
                               // (41)16=(65)10，对应 A 的 ASCII 码值
  printf("\a\a\a");            // 如果计算机的声音设备已打开，就可以听到 3 声报警音
  printf("\n");                // 将光标移到下一行的行首
}
```

程序运行结果如图 2-8 所示。

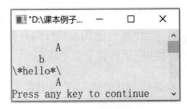

图 2-8   程序运行结果

表 2-5 展示了几种在使用转义字符常量时可能遇到的错误。

表 2-5   几种常见的非法转义字符常量

非法转义字符常量	错误原因
'\197'	9 不能充当八进制数的数位
'\1673'	\后面最多跟 3 位八进制数
'\abc'	\后面漏掉了 x，并且位数超过了 3 位
'ab'	普通字符常量，单引号之间只能有一个字符
'\x1fc'	\x 后面最多跟两位十六进制数

4. 字符型数据的运算

当把字符放入字符型变量时，字符型变量中存放的是字符的 ASCII 码值。在所有数据类型中，字符型数据占用的内存空间最少，仅占用 1 字节空间。当把字符常量存储到计算机的存储单元中时，并不存储字符本身，而是存储字符的编码(一般采用 ASCII 码)。因此，字符型变量可以作为整型变量来处理，并参与整型变量允许的各种运算。

例如：

```
a='A';        // a=65
b='A'+5;      // b=65+3
c='0'+'3'     // c=48+51
```

由此可见，字符型数据以 ASCII 码存储的形式与整数的存储形式类似，因此字符型数据还可以当作较短的整型数据使用。字符型变量只占用 1 字节空间，如果作为整型变量使用的话，取值范围为 0~255(无符号整数)或-128~127(有符号整数)。

说明：

(1) 字符型变量具有双重性，既可以解释为字符，也可以解释为整数。

(2) 可以对字符型数据进行算术运算，相当于对相应的 ASCII 码值进行算术运算。

(3) 字符型数据既可以字符形式输出，也可以整数形式输出。

例如：

```
char c='A';
printf("%d\n",c);      //输出数字 65
printf("%c\n",c);      //输出字母 A
```

【例 2-5】练习字符'a'的各种表示方法，理解如何把字符型变量当整型变量使用。

```
#include <stdio.h>
void main( )
{
    char c1='a';                    //字符'a'的 ASCII 码值为 97
    char c2='\x61';                 //字符'a'的十六进制表示
    char c3='\141';                 //字符'a'的八进制表示
    char c4=97;                     //(97)10
    char c5=0x61;                   //(0x61)16=(97)10
    char c6=0141;                   //(0141)8=(97)10
    printf("\nc1=%c,c2=%c,c3=%c,c4=%c,c5=%c,c6=%c\n",c1,c2,c3,c4,c5,c6);
    printf("c1=%d,c2=%d,c3=%d,c4=%d,c5=%d,c6=%d\n",c1,c2,c3,c4,c5,c6);
}
```

程序运行结果如图 2-9 所示。

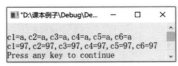

图 2-9　程序运行结果

【例 2-6】对字母进行大小写转换。提示：小写字母的 ASCII 码值比对应的大写字母的 ASCII 码值大 32。

```
#include <stdio.h>
void main( )
{
    char c1,c2;
    c1='a';
    c2='B';
    c1=c1-32;
    c2=c2+32;
    printf("c1=%c,c2=%c\n",c1,c2);
    c1=c1+3;
    c2=c2+3;
    printf("c1=%c,c2=%c\n",c1,c2);
}
```

程序运行结果如图 2-10 所示。

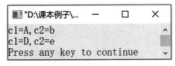

图 2-10　程序运行结果

2.4.4　字符串常量

字符串常量是由一对双引号(" ")括起来的字符序列，例如"How are you?"、"CHINA"、"a"、"C 语言程序设计"。C 语言中有字符串常量但并没有字符串变量，如果需要处理字符串数据，可以使用后续章节中介绍的字符数组和指针。

说明：

(1) 请注意区分字符常量与字符串常量。例如，"a"是字符串常量，而'a'是字符常量。

(2) C 语言规定必须以\0'(ASCII 码值为 0)字符作为字符串的结束标志。例如，"CHINA"在内存中占用的存储空间大小是 6 字节。

(3) 不能把字符串常量赋给字符型变量。例如，如果 c 为字符型变量，那么语句 c="a";是错误的。

(4) C 语言中没有字符串变量，可以使用字符数组或指针处理字符串数据。

(5) 两个连续的双引号("")也是字符串常量，称为"空串"，但需要占用 1 字节的存储空间以存放\0'。

2.5　运算符及表达式

运算符是构建表达式的基本工具，大多数编程语言都提供了以下运算符：

(1) 算术运算符，包括加、减、乘、除。

(2) 关系运算符，用于执行诸如"i 比 0 大"这样的关系比较运算。

(3) 逻辑运算符，用于执行诸如"i 比 0 大但比 10 小"这样的逻辑运算。

此外，还有许多其他运算符。虽然掌握如此众多的运算符是一件非常烦琐的事，但它们对于编写程序特别重要。

2.5.1　运算符的分类

1. 按功能分类

(1) 算术运算符：用于各类数值运算，包括加(+)、减(-)、乘(*)、除(/)、求余(或称模运算%)、自增(++)和自减(--)，共 7 种。

(2) 关系运算符：用于比较运算，包括大于(>)、小于(<)、等于(==)、大于或等于(>=)、小于或等于(<=)和不等于(!=)，共 6 种。

(3) 逻辑运算符：用于逻辑运算，包括与(&&)、或(||)和非(!)，共 3 种。

(4) 位运算符：按二进制位进行运算，包括位与(&)、位或(|)、位非(~)、位异或(^)、左移(<<)和右移(>>)，共 6 种。

(5) 赋值运算符：用于赋值运算，包括简单赋值(=)、复合算术赋值(+=、-=、*=、/=、%=)和复合位运算赋值(&=、|=、^=、>>=、<<=)三类，共 11 种。

(6) 条件运算符：记为"?:"，这是一种三目运算符，用于条件求值。

(7) 逗号运算符：记为"，"，用于把若干表达式组合成单个表达式。

(8) 指针运算符：用于指针运算，包括取值运算符(*)和取址运算符(&)，共两种。

(9) 求字节数运算符：记为 sizeof，用于计算数据类型所占的字节数。

(10) 特殊运算符：比如下标运算符([ ])、指向运算符(->)和成员运算符(.)。

2. 按操作数分类

操作数是指运算符连接的对象，按操作数分类是指按照运算符连接的对象个数进行分类。

(1) 单目运算符(带 1 个操作数)。

! ~ ++ -- - * & sizeof

(2) 双目运算符(带 2 个操作数)。

+ - * / % < <= > >= == !=

<< >> & ^ | && ||

(3) 三目运算符(带 3 个操作数)。

? :

(4) 其他运算符。

[] . ->

2.5.2　表达式与运算符的优先级和结合性

使用运算符和括号将运算对象(也称操作数)连接起来的、符合 C 语言语法规则的式子，称为表达式。运算对象包括常量、变量和函数等。例如，a*b/c-5 就是一个合法的算术表达式。

运算符都有优先级。优先级是指当表达式中存在多个运算符时，应该根据每个运算符的优先级决定哪些运算符先参与运算，哪些运算符后参与运算。换言之，优先级用来标识运算符在表达式中参与运算的顺序。

例如，对于算术运算符来说，从高到低的优先级为：先乘除后加减，有括号的先算括号。本书后续还会继续讲解各种不同运算符之间的优先级关系。例如，在表达式 a-b*c 中，乘号的优先级高于减号，因此相当于 a-(b*c)。对于运算对象来说，如果两侧的运算符的优先级相同，如 a-b+c，那么还应该考虑运算符的结合性问题。

C 语言规定了各种运算符的结合方向，包括左结合和右结合。例如，算术运算符的结合方向都是"左结合"，也就是从左至右进行运算。因此，在计算 a-b+c 时，将首先执行 a-b 运算，然后执行加 c 运算。

相应地，从右至左进行运算则称为"右结合"。最典型的右结合运算符是赋值运算符。例如 x=y=z，由于=运算符的结合方向为右结合，因此先执行 y=z 运算，再执行 x=(y=z)运算。

更具体的"优先级"与"结合性"规则可以查阅附录 B。可简单理解为，在表达式中，优先级较高的运算符先于优先级较低的运算符参与运算，而在考虑运算符的优先级之后，还需要考虑运算符的结合方向。

2.5.3　算术运算符及其表达式

1. 算术运算符

C 语言提供的算术运算符包括加(+)、减(-)、乘(*)、除(/)和取余(%)，如表 2-6 所示。

表2-6 算术运算符

算术运算符	含义	操作数	举例	结果
+	正号运算	单目	+a	a 的值
	加法运算	双目	a+b	a 和 b 的和
−	负号运算	单目	a−b	a 和 b 的差
	减法运算	双目	−a	a 的算术负值
*	乘法运算	双目	a*b	a 和 b 的乘积
/	除法运算	双目	a/b	a 和 b 的商
%	取余运算	双目	a%b	a 除以 b 的余数

说明:

(1) 若算术运算符的两个操作数均为整数,则结果为整型数值。进行除法运算时,若两个操作数均为整数,则结果会被截断取整。例如,3/4=0,11/6=1。

(2) 取余运算的运算对象只能是整数,运算结果是两个整数相除后所得的余数。余数的正负号与被除数的正负号保持一致。例如,7%3=1,3%7=3,7%-3=1,−7%3=−1。

(3) 参与运算的操作数中只要有一个为实数,运算结果就为 double 型。例如,7.0/2=3.5。

(4) 单目运算符是只带一个操作数的运算符。单目运算符+表示正号运算,单目运算符-表示负号运算。单目运算符的优先级要比双目运算符高。

(5) 键盘上没有×,所以用*表示乘法;键盘上也没有÷,所以用/表示除法。

2. 算术表达式

算术表达式是使用算术运算符和括号将运算对象连接起来的、符合 C 语言语法规则的式子。算术表达式都有计算结果,计算结果就是算术表达式的值。当对表达式进行求值时,将根据运算符的优先级和结合性按顺序进行运算。单个常量、变量和函数可以看作表达式的特例。

以下是算术表达式的一些例子:

```
a+b
(b*5) / s
(x+y)*8-7
sin(x)+sin(y)
```

2.5.4 关系运算符及其表达式

关系运算就是比较运算:对两个数值进行比较,并判断比较的结果是否符合给定的关系。例如,a>0 是关系表达式,大于号是关系运算符。如果 a 的值为正数,则 a>0 关系成立,此时关系表达式的值为"真";如果 a 的值为负数,则 a>0 关系不成立,此时关系表达式的值为"假"。

1. 关系运算符

在编写程序时,经常需要判断两个量之间的关系,以决定程序下一步要做的工作。用于比较两个量的运算符称为关系运算符。C 语言有 6 个关系运算符,如表 2-7 所示。

表 2-7　关系运算符(计算机用 0 表示假，用 1 表示真)

关系运算符	说明	示例(假设 a=1、b=2、c=1)	
<	小于	a>b 的运算结果为 0	a>c 的运算结果为 0
>	大于	a<b 的运算结果为 1	a<c 的运算结果为 0
>=	大于或等于	a>=b 的运算结果为 0	a>=c 的运算结果为 1
<=	小于或等于	a<=b 的运算结果为 1	a<=c 的运算结果为 1
==	等于	a==b 的运算结果为 0	a==c 的运算结果为 1
!=	不等于	a!=b 的运算结果为 1	a!=c 的运算结果为 0

说明：

(1) 在由两个字符组成的运算符的中间不允许有空格。等于(==)运算符是两个连续的等号，而不是一个等号(=)，一个等号不表示比较，而表示赋值。

(2) 关系运算符都是双目运算符，结合方向为左结合。

(3) 关系运算的实质是操作数之间的比较，以判断两个操作数是否符合给定的关系。若符合给定的关系，则运算结果为 1，代表关系成立("真")；否则，运算结果为 0，代表关系不成立("假")。

(4) 关系运算符、算术运算符和赋值运算符之间的优先级如下：

算术运算符>关系运算符>赋值运算符

(5) 在 C 语言中，没有专门用于表示"真"和"假"的逻辑数据类型，C 语言规定用数值 0 表示"假"，用非零值表示"真"。例如：

```
int a=3,b=5;
a==3            // 计算结果为 1，表示关系成立("真")
(a<b)>10        // a<b 成立，计算结果为 1，但 1>10 不成立，因此计算结果为 0
                // 表达式的最终计算结果为 0
```

2. 关系表达式

由关系运算符和运算对象构成的表达式称为关系表达式。在关系表达式的一般形式中，操作数也可以是表达式，因此会出现嵌套的情况。例如：

```
a+b>c-d
a>3/2
```

在关系表达式中，运算符<、<=、>、>=的优先级高于运算符==和!=的优先级。

在计算机中，数值都是以二进制形式存储的，数值的小数部分可能是近似值而不是精确值；因此，对于实型(float 型和 double 型)数值，不能使用等于(==)运算符和不等于(!=)运算符来判断实数之间的关系。

对于关系运算符来说，当两侧的数据类型不一致时(例如一边是实数，另一边是整数)，系统会自动将整型数据转换为实型数据，然后进行运算。

【例 2-7】求各种关系表达式的值。

```
#include <stdio.h>
void main( )
```

```
{
    char c='k';
    int i=1,j=2,k=3;
    float x=3e+5,y=0.85;
    printf("%d,%d\n",'a'+5<c,-i-2*j>=k+1);        // 输出 1,0
    printf("%d,%d\n",1<j<5,x-5.25<=x+y);          // 输出 1,1
    printf("%d,%d\n",i+j+k==-2*j,k==j==i+5);      // 输出 0,0
}
```

程序运行结果如图 2-11 所示。

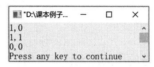

图 2-11　程序运行结果

字符型变量是以对应的 ASCII 码值参与运算的。对于包含多个关系运算符的表达式，如 k==j==i+5，根据运算符的优先级，应首先计算 i+5，原式相当于 k==j==(i+5)。由于关系运算符的结合方向均为左结合，因此先比较 k==j，结果为 0，再比较 0==(i+5)，关系也不成立，因而整个表达式的计算结果为 0。

2.5.5　逻辑运算符及其表达式

关系运算符只能对单一条件进行判断，如 a>b、a<c 等。为了在一条语句中进行多个条件的判断，如 a>b 且同时 a<c，就需要使用逻辑运算符才行。

1. 逻辑运算符

C语言提供了 3 种逻辑运算符：逻辑与(&&)、逻辑或(∥)和逻辑非(!)。

逻辑与运算符和逻辑或运算符均为双目运算符，结合方向为左结合。逻辑非运算符为单目运算符，结合方向为右结合。

2. 逻辑运算规则

(1) a&&b：当 a 与 b 的值均为真时，运算结果为真，否则为假。

(2) a∥b：当 a 与 b 的值均为假时，运算结果为假，否则为真。

(3) !a：当 a 的值为真时，结果为假；当 a 的值为假时，结果为真。

逻辑运算计算的是操作数之间的逻辑关系，运算结果只能是 1 或 0，也就是真或假。通过归纳逻辑运算的规律，我们可以得到逻辑运算的真值表，如表 2-8 所示。

表 2-8　逻辑运算的真值表

a 的取值	b 的取值	a&&b	a∥b	!a	!b
0	非零值	1	1	0	0
非零值	0	0	1	0	1
0	非零值	0	1	1	0
0	0	0	0	1	1

3. 逻辑表达式

由逻辑运算符和运算对象构成的表达式称为逻辑表达式，逻辑表达式的运算对象可以是 C 语言中任意合法的表达式。逻辑表达式一般用于连接多个关系判断，多用于分支结构和循环结构，逻辑表达式的值是逻辑表达式中各种逻辑运算的最后值。

逻辑表达式的格式如下：

表达式　逻辑运算符　表达式

例如：

b>0 && a<0
n%5＝0‖n%5＝0
!(a>b)

根据逻辑运算符的左结合特性，(a&&b)&&c 也可写为 a&&b&&c。

【例 2-8】计算逻辑表达式的值。

```c
#include <stdio.h>
void main( )
{
    int a=3,b=4,c=5,x,y;
    printf("%d  ",a+b>c&&b==c);      // a+b>c 的值为 1，b==c 的值为 0
    printf("%d  ",a‖b+c&&b-c);       // 等价于 1‖ 9&&-1，注意&&的优先级高于‖
    printf("%d  ",!(a>b)&&!c‖1);     // !(a>b)的值为 1，!c 的值为 0
    printf("%d  ",!(x=a)&&(y=b)&&0); // !(x=a)的值为 0，(y=b)是赋值语句
                                     // 取等号左边的值作为表达式的值
    printf("%d  ",!(a+b)+c-1&&b+c/2);// !(a+b)+c-1 的值为 4(非零值)
                                     // b+c/2 的值为 6(非零值)
    printf("\n");
}
```

程序运行结果如图 2-12 所示。

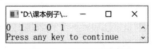

图 2-12　程序运行结果

4. 比较逻辑运算符与其他运算符的优先级

当同一表达式中含有多种类型的运算符时，必须确立不同类型运算符之间的优先级。一般来说，算术运算符、关系运算符和逻辑运算符之间的优先级如下：

逻辑非!＞算术运算符＞关系运算符＞逻辑与&&和逻辑或‖＞赋值运算符

根据运算符的优先级，我们可以得出：

a>b && c<d	等价于	(a>b)&&(c>d)
!b==c‖d<a	等价于	((!b)==c)‖(d<a)
a+b>c&&x+y<b	等价于	((a+b)>c)&&((x+y)<b)

5. 逻辑运算的短路特性

包含逻辑与(&&)和逻辑或(‖)这两种运算符的逻辑表达式在求值时，并非所有运算符都参与计算，在特定情况下会产生"短路"现象。

(1) 逻辑与(&&)运算符的短路情况：

```
a&&b&&c    //仅在 a 为真时，才判断 b 的值
           //仅在 a 和 b 都为真时，才判断 c 的值
```

(2) 逻辑或(‖)运算符的短路情况：

```
a‖b‖c      //只要 a 为真，就不必判断 b 和 c 的值
           //仅在 a 为假时，才判断 b；并且仅在 a 和 b 都为假时，才判断 c
```

2.5.6 赋值运算符及其表达式

1. 赋值运算符

赋值运算符就是符号=，作用是将数据赋给变量。例如，a=3 的作用是执行一次赋值操作，把常量 3 赋给变量 a。也可以将表达式的值赋给变量，例如：

```
a=10;
w=x+y;
```

2. 赋值表达式

由赋值运算符和运算对象构成的表达式称为赋值表达式，格式如下：

```
变量 赋值运算符 表达式
```

赋值表达式的作用是将表达式的值赋给变量,因此赋值表达式具有计算和赋值的双重功能。赋值表达式的赋值过程如下：先求赋值运算符右侧的表达式的值，再将值赋给赋值运算符左侧的变量。既然是表达式，就应该有值。例如，赋值表达式 a=2+3 的值为 5，变量 a 和表达式的值都是 5。

赋值运算符具有右结合特性。因此，a=b=c=5 可理解为 a=(b=(c=5))。

赋值运算符的优先级除了高于逗号运算符之外，比任何其他运算符的优先级都低。

3. 赋值过程中的类型转换

如果赋值运算符两侧的数据类型不同，系统将自动进行类型转换，把赋值运算符右侧的类型转换成左侧的类型。具体规定如下：

(1) 将实型转换成整型，舍去小数部分。

(2) 将整型转换成实型，数值不变，但以实型形式存放，增加小数部分(小数部分的值为 0)。

(3) 将字符型转换成整型，由于字符型数据为 1 字节，而整型数据为 2 字节或 4 字节，因此将字符的 ASCII 码值放到整型变量的低 8 位中，高 8 位为 0。将整型转换为字符型时，仅把低 8 位赋予字符型变量。

【例 2-9】练习赋值过程中的数据类型转换。

```
#include <stdio.h>
void main( )
{
  int a,b=322,c;
  float x,y=8.88;
  char c1='k',c2;
  a=y;                // 将实型数据赋给整型变量，a 的值为 8
  x=b;                // 将整型数据赋给实型变量，x 的值为 322.0
  c=c1;               // 将字符型数据赋给整型变量，c 的值为 k 的 ASCII 码值
  c2=b;               // 将整型数据赋给字符型变量，c2 的值为 0x42
                      // 322 的二进制表示(0100 0010)=0x42=66
  printf("%d,%f,%d,%c\n",a,x,c,c2);
}
```

程序运行结果如图 2-13 所示。

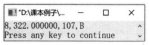

```
"D:\课本例子\...    —    □    ×
8, 322.000000, 107, B
Press any key to continue
```

图 2-13　程序运行结果

以上代码演示了赋值运算中数据类型的转换规则。a 为整型变量，在将实型变量 y 的值赋给整型变量 a 时，将舍弃小数部分，仅保留整数部分 8。x 为实型变量，在将整型变量 b 的值赋给实型变量 x 时，将为原有数值增加小数部分。在将字符型变量 c1 的值赋给整型变量 c 时，c 中存放的是字符 k 的 ASCII 码值。在将整型变量 b 的值赋给字符型变量 c2 时，只取 b 的二进制数位中的低 8 位(01000010，也就是 0x42，对应于字符 B 的 ASCII 码值)。

4. 复合赋值运算符

在赋值运算符=的前面加上其他的二目运算符即可构成复合赋值运算符，如 "+=" "−=" "*=" "/=" "%=" "<<=" ">>=" "&=" "^=" "|="。

复合赋值表达式的格式如下：

变量　其他运算符=表达式

等价于：

变量 = 变量 其他运算符 表达式

例如：

```
a+=5        等价于 a=a+5
x*=y+7      等价于 x=x*(y+7)
r%=p        等价于 r=r%p
```

表 2-9 展示了 C 语言中复合赋值运算表达式与等价的赋值表达式之间的对应关系。

表 2-9　复合赋值表达式与等价的赋值表达式

复合赋值表达式	等价的赋值表达式	复合赋值表达式	等价的赋值表达式
a+=b	a=a+b	a-=b	a=a-b
a*=b	a=a*b	a/=b	a=a/b
a%=b	a=a%b	a&=b	a=a&b
a|=b	a=a|b	a^=b	a=a^b
a<<=b	a=a<<b	a>>=b	a=a>>b

初学者对复合赋值表达式的这种写法可能不是很习惯，但这种写法十分有利于编译处理，能提高编译效率并产生质量较高的目标代码。

2.5.7　自增运算符和自减运算符

自增运算符(++)的功能是使变量的值自增 1。自减运算符(--)的功能是使变量的值自减 1。当然，也可通过下列方式完成相同的操作：

```
i=i+1;
j=j-1;
```

使用复合赋值运算符可将上述语句缩短一些：

```
i+=1;
j-=1;
```

C 语言允许使用自增(++)运算符和自减(--)运算符将这些语句缩得更短。实际上，自增运算符和自减运算符在使用时是很复杂的。原因之一就是，自增(++)运算符和自减(--)运算符既可以作为前缀运算符(如++i 和--i)使用，也可以作为后缀运算符(如 i++和 i--)使用。程序的正确性与能否选取合适的运算符形式紧密相关。另一个原因是，和赋值运算符一样，自增(++)运算符和自减(--)运算符会改变操作数的值。

说明：

(1) 自增运算符和自减运算符均为单目运算符，具有右结合特性，形式如下：

++i　　i 自增 1 后再参与其他运算

--i　　i 自减 1 后再参与其他运算

i++　　i 参与运算后，i 的值再自增 1

i--　　i 参与运算后，i 的值再自减 1

(2) 自增运算符和自减运算符的操作数既可以是整型变量，也可以是实型变量，但不能是常量或表达式。例如，++5 和(a+b)++是不合法的。

(3) 当使用自增运算符和自减运算符构成表达式时，首先要弄清楚它们是以前缀形式出现的还是以后缀形式出现的。当它们出现在较复杂的表达式或语句中时，具体是前缀形式还是后缀形式，常难以区分，因此应仔细分析。

例如：

```
j=3;  k=++j;          //k=4,j=4
j=3;  k=j++;          //k=3,j=4
```

```
j=3;   printf("%d",++j);        //4
j=3;   printf("%d",j++);        //3
a=3;b=5;c=(++a)*b;              //c=20,a=4
a=3;b=5;c=(a++)*b;             //c=15,a=4
```

【例 2-10】练习自增及自减运算。

```
#include <stdio.h>
void main( )
{
    int i=5,j=5,p,q;
    p=(i++)+(i++)+(i++);
    q=(++j)+(++j)+(++j);
    printf("%d,%d,%d,%d",p,q,i,j);
}
```

程序运行结果如图 2-14 所示。

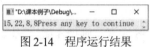

图 2-14   程序运行结果

表达式 p=(i++)+(i++)+(i++)应理解为将三个 i 相加,因此 p 的值为 15。之后 i 再自增,三次
自增相当于加 3,因此 i 的最终值为 8。表达式 q=(++j)+(++j)+(++j)应理解为一共有三个++j 参
与运算,根据计算规则,应先计算前两个++j,这样前两个++j 在进行加法运算时,对 j 进行了
两次自增,所以 j 的值为 7,这样前两个++j 的和为 14,最后再与第三个++j 进行加法运算,第
三个++j 的值为 8,最终计算结果为 7+7+8=22。

2.5.8   逗号运算符及其表达式

逗号运算符(,)的功能是把多个表达式连接起来组成一个表达式,称为逗号表达式,一般
形式为:

表达式 1,表达式 2,…,表达式 k

说明:

(1) 逗号运算符具有左结合特性,因此逗号表达式将从左到右进行计算。首先计算表达式 1,
然后计算表达式 2,最后计算表达式 k。表达式 k 的值就是逗号表达式的值。逗号表达式还可以
嵌套,例如:

(a=3*5,a*4),a+5;

上述语句先计算 a=3*5,得到 15;再计算 a*4,得到 60(但 a 的值未变,仍为 15);最后计
算 a+5,得到 20。因此,整个逗号表达式的值为 20。

(2) 在所有运算符中,逗号运算符的优先级最低。

(3) 并不是所有出现逗号的地方都会形成逗号表达式,比如在变量的声明中,函数参数表
中的逗号只是用作变量之间的分隔符。

(4) 逗号表达式通常用于循环语句。建议不要随便使用逗号表达式,因为那样会降低程序
的可读性。

2.5.9　条件运算符及其表达式

条件运算符(?:)是三目运算符，有三个操作数，一般形式如下：

x=<表达式 1>?<表达式 2>:<表达式 3>

条件表达式的求值规则为：当表达式 1 的值为真(非零值)时，求出表达式 2 的值，此时以表达式 2 的值作为整个条件表达式的值；当表达式 1 的值为假(0)时，求出表达式 3 的值，此时把表达式 3 的值作为整个条件表达式的值。口诀：前真后假。

条件表达式通常用于赋值语句。例如，以下代码

```
if(a>b) max=a;
else max=b;
```

可使用条件表达式写成

```
max=(a>b)?a:b;
```

上述语句的执行顺序是：若 a>b 为真，则把 a 赋给 max，否则把 b 赋给 max。使用条件表达式时，还应注意以下几点。

(1) 条件运算符的运算优先级低于关系运算符和算术运算符，但高于赋值运算符。

例如，max=(a>b)?a:b 可以写成 max=a>b?a:b。

(2) ?和:是一对运算符，不能分开单独使用。

(3) 条件运算符的结合方向是右结合。例如，a>b?a:c>d?c:d 应理解为 a>b?a:(c>d?c:d)。

【例 2-11】输入一个字符，判断是否为大写字母。如果是，就转换成小写字母，否则不转换，然后输出得到的最终字符。

```
#include <stdio.h>
void main( )
{
    char ch;
    scanf("%c",& ch);
    ch=(ch>='A' && ch<='Z')?(ch+32):ch;
    printf("%c\n",ch);
}
```

输入大写字母 A，程序运行结果如图 2-15(a)所示；输入数字 4，程序运行结果如图 2-15(b)所示。

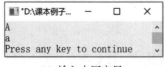
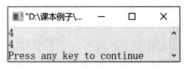

(a) 输入大写字母　　　　　(b) 输入非大写字母

图 2-15　程序运行结果

2.5.10　位运算符及其表达式

C 语言提供了位运算符来对操作数的二进制位进行运算，包括位与(&)、位或(|)、位取反(~)、位异或(^)、左移(<<)和右移(>>)六种。在这些位运算符中，只有位取反运算符是单目运算符，其他均为双目运算符。将双目的位运算符与赋值运算符相结合，就可以组成复合赋值运算符。位运算只能用于整型和字符型数据。

1. 位与运算

位与运算的功能是将参与运算的两个操作数的各二进制位相与。只有对应的两个二进制位均为 1 时，结果位才为 1，否则为 0。操作数以补码形式参与运算。

例如，对于 9&5，可写如下算式：

```
    00001001        (9 的二进制补码)
  & 00000101        (5 的二进制补码)
    00000001        (1 的二进制补码)
```

于是，9&5=1。

位与运算可以用于将某些位清零，而其余位不变，方法如下：将想要清零的位和 0 相与，而将其余位和 1 相与。例如，要把变量 i 的高 8 位清零，但保留低 8 位，可执行 i&255 运算，255 的二进制表示形式为 0000000011111111。

【例2-12】5 和 9 的位与运算。

```
#include <stdio.h>
void main()
{
    int a=9,b=5,c;
    c=a&b;
    printf("a=%d\nb=%d\na&b=%d\n",a,b,c);
}
```

程序运行结果如图 2-16 所示：

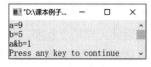

图 2-16　程序运行结果

2. 位或运算

位或运算(|)的功能是将参与运算的两个操作数的各二进制位相或。只要对应的两个二进制位中有一个为 1，结果位就为 1。操作数以补码形式参与运算。

例如，对于 9|5，可写如下算式：

```
    00001001        (9 的二进制补码)
  | 00000101        (5 的二进制补码)
    00001101        (1 的二进制补码)
```

于是，9|5=13。

位或运算可以用于将某些位置 1，而其余位不变，方法如下：将想要置 1 的位和 1 相或，而将想要保持不变的位和 0 相或。例如，要使变量 i 的高 8 位保持不变，而将低 8 位置 1，可执行 i|255 运算。

【例 2-13】5 和 9 的位或运算。

```
#include <stdio.h>
void main()
{
    int a=9,b=5,c;
    c=a|b;
    printf("a=%d\nb=%d\na|b=%d\n",a,b,c);
}
```

程序运行结果如图 2-17 所示。

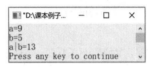

图 2-17   程序运行结果

3. 位异或运算

位异或运算(^)的功能是将参与运算的两个操作数的各二进制位相异或。当对应的二进制位相异时，结果位为 1，相同时结果位为 0。例如，对于 9^5，可写如下算式：

```
      00001001        (9 的二进制补码)
^     00000101        (5 的二进制补码)
      00001100        (1 的二进制补码)
```

于是，9^5=12。

位异或运算有一些特殊的性质。例如，对于任何操作数 x，都有 x^x=0、x^0=x，和自身求位异或的结果为 0，和 0 求位异或的结果为自身。位异或运算还有自反性，例如 A^B^B=A^0=A。换言之，连续和同一个因子求位异或，最终结果为自身。

位异或由于有这样的运算性质，因此可以用于加密。异或密码是密码学中一种简单的加密算法，用于对信息进行位异或操作以达到加密和解密目的。根据这种逻辑，可通过对文本中的每个字符与给定的密钥进行位异或运算来完成加密。至于解密，只需要对加密后的结果与密钥再次进行位异或运算即可。

【例 2-14】位异或运算。

```
#include <stdio.h>
void main( )
{
    int a=9,b=9,c=9;
    a=a^0;
    printf("9^0=%d\n",a);
```

```
b=b^5;
printf("9^5=%d\n",b);
c=c^5^5;
printf("9^5^5=%d\n",c);
}
```

程序运行结果如图 2-18 所示。

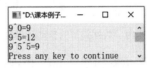

图 2-18　程序运行结果

4. 位取反运算

位取反运算的功能是对参与运算的操作数的各二进制位按位求反。

例如，～9(也就是～0000000000001001)的运算结果为1111111111110110。

5. 左移运算

左移运算的功能是把左侧操作数的各二进制位全部左移若干位，具体移多少位由右侧的操作数指定，高位丢弃，低位补 0。

例如，a<<4 的含义是把 a 的各二进制位向左移动 4 位。假设 a=11000011(十进制数 195)，左移 4 位后变为 00110000(十进制数 48)。

6. 右移运算

右移运算的功能是把左侧操作数的各二进制位全部右移若干位，具体移多少位由右侧的操作数指定，低位丢弃，高位补 0 或补 1。

例如，a>>2 的含义是把 a 的各二进制位向右移动 2 位。假设 a=000001111(十进制数 15)，右移 2 位后变为 00000011(十进制数 3)。

需要说明的是，对于有符号数，进行右移运算时，符号位将随之移动。当为正数时，最高位补 0；当为负数时，符号位为 1，最高位补 0 还是补 1 取决于编译系统的规定，很多系统规定补 1。

2.6　数据类型的自动转换和强制转换

不同类型的数据在参与混合运算时，需要先将数据转换成同一类型，之后再进行运算。转换的方法有两种：自动转换(隐式转换)和强制转换。

2.6.1　数据类型的自动转换

数据类型的自动转换由编译系统自动完成。数据类型的自动转换规则如图 2-19 所示。

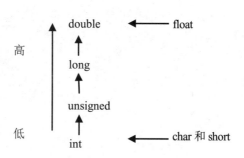

图 2-19　数据类型的自动转换规则

整型(包括 int、short 和 long)数据和实型(包括 float 和 double)数据可以参与混合运算。另外，字符型数据和整型数据是通用的。因此，整型、实型和字符型数据之间可以进行混合运算。例如，表达式 10+'a'+1.5-8765.1234*'b'是合法的。

数据类型的自动转换规则如下：

(1) 如果参与运算的数据类型不同，那么需要先将它们转换成同一类型，之后再进行运算。

(2) 图 2-19 中的纵向箭头表示当运算对象为不同类型时的转换方向。可以看到，箭头由低级别数据类型指向高级别数据类型。也就是说，按数据长度增加的方向进行转换，从而保证精度不降低。例如，当对 int 型和 long 型数据进行运算时，需要先把 int 型数据转换成 long 型数据后再进行运算。

(3) 图 2-19 中的横向向左箭头表示必定发生的转换(不必考虑其他运算对象)。参与运算的 char 型数据必定转换为 int 型数据，float 型数据在运算时一律先转换为 double 型以提高运算精度(即使是将两个 char 型数据相加，也需要先转换为 int 型，之后再相加)。所有实型数据的运算都是以 double 型进行的，即使仅包含 float 型数据，也需要先转换成 double 型，之后再进行运算。

(4) 在赋值运算中，当赋值运算符两边的数据类型不同时，赋值运算符右边的类型将转换为左边的类型。当右边的类型比左边的类型长时，将丢失一部分数据，这会降低精度。

【例 2-15】数据类型的自动转换。

```c
#include <stdio.h>
void main( )
{
  float pi=3.14159;
  int s,r=5;
  s=r*r*pi;
  printf("s=%d\n",s);
}
```

程序运行结果如图 2-20 所示。

在以上代码中，pi 为实型，s 和 r 为整型。当执行语句 s=r*r*pi 时，r 和 pi 都会被自动转换成 double 型，之后才参与运算，计算结果也为 double 型。由于 s 为整型，因此赋值结果仍为整型，舍去了小数部分。

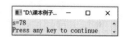

图 2-20　程序运行结果

2.6.2　数据类型的强制转换

数据类型的强制转换是通过使用类型转换运算来实现的，一般形式如下：

(类型说明符)(表达式)

功能就是把表达式的运算结果强制转换成类型说明符指定的类型。

例如：

```
(int)a          // 把 a 的值强制转换为整型
(int)(x+y)      // 把 x+y 的值强制转换为整型
(float) a       // 把 a 的值强制转换为实型
(float)a+b      // 把 a 的值强制转换为实型，再与 b 相加
```

在进行数据类型的强制转换时应注意以下事项：

(1) 类型说明符和表达式都必须加括号(单个变量可以不加括号)。例如，(int)(x+y)不可以写成(int)x+y。

(2) 无论是数据类型的强制转换还是自动转换，它们都只是为了运算的需要而对变量的数据长度进行的临时性转换，实际上并没有改变定义变量时指定的变量类型。

【例 2-16】数据类型的强制转换。

```
#include <stdio.h>
void main( )
{
    float f=5.75;
    printf("(int)f=%d\n",(int)f);      // 将 f 的结果强制转换为整型并输出
    printf("f=%f\n",f);                // 输出变量 f 的值
}
```

程序运行结果如图 2-21 所示。

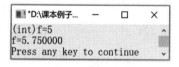

图 2-21　程序运行结果

在以上代码中，变量 f 虽然被强制转换为 int 型，但这只在运算中起作用，是临时性的，f 变量本身的数据类型并没有发生改变。因此，(int)f 的值为 5(含去小数部分)，而 f 的值仍为 5.75。

2.7　本章小结

本章主要介绍了以下内容：

(1) 常用数制以及常用数制整数之间的转换。

(2) 标识符的命名规则和系统使用的关键字。

(3) 基本数据类型：整型、实型和字符型。

(4) 各种运算符及表达式。

(5) 数据类型的自动转换和强制转换。

2.8 编程经验

(1) 变量必须"先定义,后使用",变量不能未经定义就使用。

(2) 在使用变量时,需要注意数值溢出现象。如果赋给变量的值超出了变量的数据类型所能容纳的范围,就会产生溢出,解决方法是事先估算变量的运算结果并使用范围较大的数据类型。

(3) 使用自增或自减运算符时,需要注意区分是用作前缀运算符(++i 和--i)还是后缀运算符(i++和 i--)。例如,自增运算符(++)用作前缀运算符时,先对变量的值加 1,再让变量参与其他运算,也就是"先加后用";用作后缀运算符时,先让变量参与其他运算,之后再对变量的值加 1,也就是"先用后加"。

(4) 大于或等于运算符(>=)和小于或等于运算符(<=)要连续写,不要在中间添加空格。

(5) 注意区别用于判断是否相等的测试运算符(==)和赋值运算符(=),不要混淆了。

(6) 定义标识符时,使用有意义的单词更能增强程序的可读性。

(7) 标识符的长度不要超过 31 个字符。

(8) 当不确定表达式中运算符的优先级时,可以使用圆括号强制改变运算符的优先级。

(9) 不要对表达式进行赋值。

2.9 本章习题

1. 在 C 语言中,变量为什么要"先定义,后使用"?这样做有什么好处?

2. 将下面的数学表达式写成 C 语言的表达式。

(1) $V = \dfrac{4}{3}\pi r^3$　　　　(2) $R = \dfrac{1}{\dfrac{1}{R_1} + \dfrac{1}{R_2}}$　　　　(3) $y = x^3 - 3x^2 - 7$

(4) $F = G\dfrac{m_1 m_2}{R^2}$。其中,$G=6.67\times10^{-11}$　　　　(5) $\sqrt{1 + \dfrac{\pi}{2}\tan 48°}$

3. 假设 a=6、b=4,写出下列表达式的运算结果。

(1) b+=3　　　(2) a++　　　(3) 10==a+b　　　(4) b=a+6

(5) a&&0　　　(6) a||b&&(a-b*c)　　　(7) !(a||0)　　　(8) a>=5&&b<=3

4. 输入三个字符,然后按输入顺序输出这三个字符,并依次输出它们的 ASCII 码值,最后按照与输入时相反的顺序输出这三个字符。

5. 已知三角形的三条边 A、B、C,求三角形面积的海伦公式为

$$S = \sqrt{P(P-A)(P-B)(P-C)}$$

其中,$P = \dfrac{1}{2}(A+B+C)$。

编写程序,输入 A、B、C 的值,计算并输出 S 的值。

6. 计算下列表达式的值。

(1) (1+3)/(2+4)+8%3 　　　　　(2) 2+7/2+(9/2*7)

(3) (int)(11.7+4)/4%4 　　　　　(4) 2.0*(9/2*7)

7. 阅读程序，写出程序运行结果。

(1) #include <stdio.h>
```
    void main()
    {
       int a=200,b=010;
       printf("%d%d\n",a,b);
    }
```

程序运行结果是(　　　)。

(2) #include <stdio.h>
```
    void main()
    {
       int a=5,b=1,t;
       t=(a<<2)|b;printf("%d\n",t);
    }
```

程序运行结果是(　　　)。

(3) #include <stdio.h>
```
    void main( )
    {
       int x=20;
       printf("%d",0<x || x<20);
       printf("%d\n",0<x && x<20);
    }
```

程序运行结果是(　　　)。

(4) #include <stdio.h>
```
    void main( )
    {
       int k=011;
       printf("%d\n",k++);
    }
```

程序运行结果是(　　　)。

8. 编写程序，让用户输入一个整数和一个实数，将它们相乘并把结果存入一个整数变量。打印结果并解释。

9. 编写程序，计算匀减速直线运动的位移。使用键盘输入物体运动的初速度、加速度和时间，最后将计算出的位移显示到屏幕上。

10. 选择题

(1) 以下自定义标识符中，不合法的是____。

    (A) _1   (B) AaBc   (C) a_b   (D) a--b

(2) 以下选项中，不能用作合法常量的是____。

    (A) 1,234   (B) '\007'   (C) 10e3   (D) '\x7F'

(3) 若 a 为数值类型，则逻辑表达式(a==1)||(a!=1)的值是____。

    (A) 1   (B) 0   (C) 2   (D) 不知道 a 的值，不能确定

(4) 表达式(int)((double)9/2)-9%2 的值是____。

    (A) 0   (B) 3   (C) 4   (D) 5

(5) 若存在定义语句 int x=10;，则表达式 x-=x+x 的值为____。

    (A) -20   (B) -10   (C) 0   (D) 10

(6) 以下定义语句中，当编译时会出现编译错误的是____。

    (A) char a='a';   (B) char a='\n';

    (C) char a='aa';   (D) char a='\x2d';

(7) 若存在定义语句 int x=2;，则以下表达式中，值不为 6 的是____。

    (A) x*=x+1   (B) x++,2*x

    (C) x*=(1+x)   (D) 2*x,x+=2

(8) 表达式 a+=a-=a=9 的值是____。

    (A) 9   (B) -9   (C) 18   (D) 0

(9) 已知 int x;float y=-3.0;，执行语句 x=y%2;，此时变量 x 的值是____。

    (A) 1   (B) -1   (C) 0   (D) 语句本身是错误的

(10) 若函数中存在定义语句 int k;，则____。

    (A) 系统自动给 k 赋初值 0   (B) 此时 k 中的值还没有定义

    (C) 系统自动给 k 赋初值-1   (D) 此时 k 中无任何值

(11) 以下定义语句中，正确的是____。

    (A) double a; b;   (B) double a= b=7;

    (C) double a=7, b=7;   (D) double ,a, b;

(12) 可用作合法实数的是____。

    (A) 1e0   (B) 3.0e0.2   (C) E9   (D) 9.12E

(13) 以下关于 C 语言常量的叙述中，错误的是____。

    (A) 所谓常量，是指在程序运行过程中值不能改变的量。

    (B) 常量分为整型常量、实型常量、字符常量和字符串常量。

    (C) 常量分为数值型常量和非数值型常量。

    (D) 经常使用的变量可以定义成常量。

(14) 以下赋值语句中，非法的赋值语句是____。

    (A) n=(i=2,++i);   (B) j++;   (C) ++(i+1);   (D) x=j>0;

(15) 若存在定义语句 int a=10;double b=3.14;，则表达式'A'+a+b 的计算结果是____数据类型。

    (A) char   (B) int   (C) double   (D) float

第 3 章
常用输入输出函数

本章概览

本章介绍两组输入输出函数——字符输入输出函数和格式输入输出函数，内容相当简单，这两组输入输出函数功能强大，但要用好它们却并不容易。

知识框架

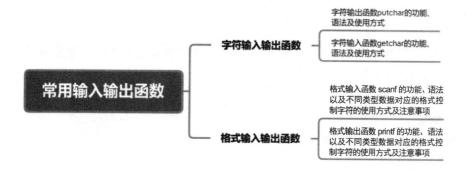

3.1 有关输入输出的基本概念

几乎每个 C 程序都包含输入输出语句。因为要进行运算，就必须给出数据，而运算结果当然需要输出，以便人们应用。没有输出的程序是没有意义的。

输入输出是程序中最基本的操作之一。在讨论程序的输入输出时，我们首先需要明确以下几点：

(1) 所谓的输入输出是以计算机主机为主体而言的。从计算机向输出设备(如显示器、打印机等)输出数据称为输出，从输入设备(如键盘、磁盘、光盘和扫描仪等)向计算机输入数据称为输入。

(2) C 语言本身没有自己的输入输出语句，但它提供了丰富的标准输入输出库函数。标准输入输出库函数是在头文件 stdio.h 中定义的。其中，stdio 是 standard input & output(标准输入输出)

的英文缩写,而 h 是 header 的英文缩写。因此,在使用这些库函数之前,需要使用宏命令#include
将头文件 stdio.h 包含到源文件中。

(3) 在将有关的头文件包含到用户的源文件中时,有两种方式。例如,在调用标准输入输
出库函数时,源文件的开头应该包含#include <stdio.h>或#include "stdio.h"。

(4) #include <stdio.h>是标准方式,编译器将在 include 子目录下搜索指定的文件。

(5) 当使用#include "stdio.h"方式时,编译器将首先在当前文件(源文件)所在目录下搜索指定
的文件,如果找不到,再按标准方式进行搜索。这种方式适用于嵌入用户自己建立的头文件。

3.2 字符输入输出函数

字符输入输出函数用于处理单个字符的输入输出。

3.2.1 字符输入函数

字符输入函数的功能是接收用户使用键盘输入的字符,并将字符作为函数的返回值。C 语
言提供的字符输入函数有 getchar 函数、getche 函数和 getch 函数。这三个函数都是在头文件
stdio.h 中定义的。请注意,这三个函数都没有参数。它们的一般形式如下:

```
getchar();
getche();
getch();
```

字符输入函数的使用方法是:把输入的字符赋给字符型或整型变量,构成赋值语句或作为
表达式的一部分参与其他运算。例如:

```
char c;
c=getchar();
```

【例 3-1】练习输入单个字符。

```
#include <stdio.h>
void main()
{
  char c;
  printf("input a character\n");
  c=getchar();
  putchar(c);
}
```

程序运行结果如图 3-1 所示。

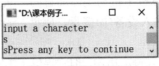

图 3-1　程序运行结果

上述代码中的最后两行可用如下一行代替：

```
putchar(getchar());
```

还可替换为：

```
printf("%c",getchar());
```

尝试将例 3-1 中的 getchar 函数分别替换为 getche 函数和 getch 函数，看看有何不同。

使用字符输入函数时，应注意以下事项：

(1) getchar 函数只能接收单个字符，输入的数字也将按字符处理。当输入的字符多于一个时，只接收第一个字符。

(2) getche 函数的功能与 getchar 函数基本相同。唯一的区别是：getche 函数直接从键盘获得键值，而不等待用户按回车键。只要用户按任意键，getche 函数就立即返回，getche 函数的返回值就是用户按键的 ASCII 码。此外，getche 函数还会将用户输入的字符回显到屏幕上。

(3) getch 函数的功能与 getche 函数基本相同。唯一的区别是：getche 函数回显输入的字符，而 getch 函数不回显。

(4) 使用以上字符输入函数时，必须将头文件 stdio.h 包含到源文件中。

3.2.2 字符输出函数

字符输出函数 putchar 的功能是在显示器上输出单个字符，一般形式如下：

```
putchar(形式参数);
```

其中，形式参数(简称形参)可以是字符常量、字符型变量或表达式。例如：

```
putchar('A');          //形参是字符常量，输出大写字母 A
putchar(x);            //形参是字符型变量，输出变量 x 对应的字符
putchar('\101');        //形参是转义字符常量，对应 A 的 ASCII 码值，输出字符 A
```

如果形参是控制字符，则执行控制功能。由于控制字符不可见，因此只能目测光标位置的变化或是听到声音。

例如，可使用如下语句分别进行上机测试：

```
putchar('\n');
putchar('\t') ;
putchar('\b');
putchar('\a');
```

【例 3-2】输出单个字符。

```
#include<stdio.h>
void main()
{
    char a='B',b='o',c='k';
    putchar(a);putchar(b);putchar(b);putchar(c);putchar('\t');
    putchar(a);putchar(b);
    putchar('\n');
    putchar(b);putchar(c);
```

```
        putchar('\n');
    }
```

程序运行结果如图 3-2 所示。

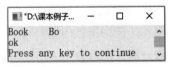

图 3-2   程序运行结果

3.3   格式输入输出函数

字符输入输出函数一次只能处理一个字符。在 C 程序中，用来实现输入输出的主要是 scanf 函数和 printf 函数。这两个函数是格式输入输出函数。当使用这两个函数时，必须指定数据的输入输出格式，可以一次性处理一个或多个字符，对它们按照指定的格式进行输入输出。

3.3.1   格式输出函数

printf 函数称为格式输出函数，printf 关键字中的字母 f 就有"格式"(format)之意。printf 函数的功能是按照用户指定的格式，向标准设备(屏幕)输出数据。我们之前已多次使用过这个函数。

printf 函数是标准库函数，定义在头文件 stdio.h 中。

1. printf 函数的基本格式

printf 函数的基本格式如下：

```
printf("格式控制字符串",参数 1,参数 2,…);
```

格式控制字符串用于指定输出格式。格式控制字符串包括两部分：一部分是普通字符序列或转义字符序列，这些字符按原样输出或按转义字符对应的含义输出，通常用于在程序运行时向使用者发出相关提示信息，或对输出信息进行相关的注释和说明；另一部分是格式声明字符串，以%开头，后跟一个或多个规定的格式控制字符。格式声明字符串在格式控制字符串中起到占位作用，从而在相应位置使用格式声明字符串指定的格式输出参数列表中对应的输出项。

C 语言提供的输出控制格式比较多，也比较烦琐，初学时不易掌握，更不易记住。用法不对就得不到预期结果。下面逐一进行介绍。

2. printf 函数中的格式声明

在 printf 函数中，格式声明的完整格式如下：

```
%[标志][输出最小宽度][.精度][长度]类型
```

下面对组成格式声明的各个选项进行说明。

(1) %：格式声明的起始符号，不可缺少。

(2) 标志：可填选项有-、+、空格、0 和#。其中常用的有-和 0。有-表示左对齐输出，省略则右对齐输出。有 0 表示对指定的空位填 0，省略则表示指定的空位不填。

其他选项的相关说明参见表 3-1。

例如：

```
int a=1,b=-1;
printf("%5d\n",a);          //输出 a 的值，占 5 个字符宽度并右对齐
printf("%-5d\n",a);         //输出 a 的值，占 5 个字符宽度并左对齐
printf("%05d\n",b);         //输出-0001
```

表 3-1　printf 函数的标志选项及说明

标志选项	说明
-	结果左对齐，右边填空格
+	输出符号(正号或负号)
0	输出数值时，指定左边不使用的空位自动填 0
空格	输出的数值为正时冠以空格，输出的数值为负时冠以负号
#	对于格式类型 c、s、d、u 无影响；对于 o 格式类型，在输出时加前缀 o；对于 x 格式类型，在输出时加前缀 0x；对于 e、g、f 格式类型，仅当结果包含小数时，才给出小数点

(3) 输出最小宽度：这里是指域宽，也就是对应的输出项在输出设备上所占的字符数。如果数据长度小于指定的域宽，那么左补空格，否则按实际宽度输出。

(4) 精度：这里是指输出精度，精度格式符以.开头，用于说明输出的实型数据的小数位数，多出的小数位数则四舍五入。如果不指定精度，那么隐含的输出精度为 6 位。对于字符串而言，精度指定了实际输出的字符个数。

(5) 长度：为 ll 或 h。l 对于整型是指 long 型，对于实型是指 double 型。h 用于将整型的格式字符修正为 short 型。

(6) 类型：用于指定输出数据的类型，参见表 3-2。

表 3-2　printf 函数的格式类型字符及说明

类型字符	说明
d、i	以十进制形式输出有符号整数(正数不输出符号)
u	以十进制形式输出无符号整数
o	以八进制形式输出无符号整数(不输出前缀 0)
x、X	以十六进制形式输出无符号整数(不输出前缀 0x)，类型字符 x 表示输出十六进制数的小写字母 a～f，类型字符 X 表示输出十六进制数的大写字母 A～F
f	以小数形式输出单精度实数和双精度实数，隐含输出 6 位小数
e、E	以指数形式输出单精度实数和双精度实数
G、G	以%f 或%e 中较短的输出宽度输出单精度实数和双精度实数，不输出无意义的 0。当使用类型字符 G 时，若以指数形式输出，则指数以大写表示
c	以字符形式输出，只输出单个字符

(续表)

类型字符	说明
s	输出字符串，直到遇到\0。若字符串的长度超过指定的精度，则自动突破，不会截断字符串
%%	输出%本身
p	输出变量的内存地址

(7) 对于格式声明字符串中的一系列选项来说，并不是每一项都必不可少，需要根据实际输出进行组合使用。

(8) printf 函数的基本格式中的"参数 1,参数 2,…"必须与格式控制字符串中的格式声明字符串一一对应。换言之，参数的个数必须和以%开头的格式声明字符串的个数一样多，各个参数之间用逗号分隔，且顺序必须一一对应，否则会出现意想不到的错误。参数与格式声明字符串的对应关系如图 3-3 所示。

```
int a=3,b=4,c,d;
c=a+b;
d=b-a;
printf("a=%d,b=%d,a+b=%d,b-a=%d\n",a,b,c,d);
```

输出结果： a=3,b=4,a+b=7,b-a=1

图 3-3　格式声明字符串与参数的对应关系

【例 3-3】使用 printf 函数格式化输出数据。

```
#include<stdio.h>
void main()
{
    int a=88,b=89;              //X 的 ASCII 码值为 88，Y 的 ASCII 码值为 89
    printf("%d %d\n",a,b);      //注意两个%d 的中间有空格
    printf("%d,%d\n",a,b);      //注意两个%d 的中间有逗号
    printf("%c,%c\n",a,b);
    printf("a=%d,b=%d",a,b);    //注意非格式控制字符会原样输出
}
```

程序运行结果如图 3-4 所示。

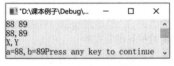

图 3-4　程序运行结果

以上代码对变量 a 和 b 的值输出了四次，但由于格式控制字符串不同，输出的结果也不相

同。第一次输出时，格式控制字符串中的两个%d 之间有一个空格，因此输出的两个数值之间也应该有一个空格。第二次输出时，两个%d 之间有一个逗号，因此输出的两个数值之间也应该有一个逗号。第三次输出时，格式控制字符串要求按字符型输出变量的值(X 的 ASCII 码值为88，Y 的 ASCII 码值为 89)，因此输出了两个字母并且用逗号进行分隔。第四次输出时，格式控制字符串中出现了非格式控制字符"a="和",b="，因此非格式控制字符被原样输出。

由此可以看出，格式控制字符串不同，输出结果也不同。

【例 3-4】输出格式控制练习，控制数据的对齐方式、保留小数位数、以八进制形式输出和控制字符串的输出宽度等。

```c
#include <stdio.h>
void main( )
{
    int a=32,b=57;
    float x=7.876543,y=-345.123;
    char c='a';
    long l=1234567;
    printf("%d%d\n",a,b);
    printf("%-3d%3d\n",a,b);                    //对齐方式和域宽控制
    printf("%05d,%.3d\n",a,b);                  //空位补 0 和小数位控制
    printf("%8.2f,%8.2f,%.4f,%.4f\n",x,y,x,y);  //域宽和小数位控制
    printf("%e,%10.2e\n",x,y);                  //以指数形式输出
    printf("%c,%d,%o,%x\n",c,c,c,c);            //输出字符'a'的多种形式
    printf("%ld,%lo,%x,%d\n",l,l,l,l);
    printf("%s,%5.3s\n","CHINESE","CHINESE");   //输出"CHINESE"和"  CHI"
}
```

程序运行结果如图 3-5 所示。

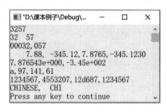

图 3-5　程序运行结果

从上面的例子可以看出，输出格式的控制是很复杂的。除了可以控制数据按十进制、八进制、十六进制输出或者按实型、字符型输出之外，还可以控制数据输出时的对齐方式(左对齐或右对齐)以及实数的输出格式等，大家需要认真掌握。

3. printf 函数的参数列表求值顺序

使用 printf 函数时还需要注意参数列表求值顺序。对于不同的编译系统，参数列表求值顺序可能不同，可以从左向右，也可以从右向左。在 Visual C++ 6.0 中，printf 函数的参数列表求值顺序是从右向左。

【例3-5】当 printf 函数中包含多个输出参数时，求值顺序为从右向左。

```
#include <stdio.h>
void main()
{
    int i=8;
    printf("%d,%d,%d,%d,%d,%d\n",++i,--i,i++,i--,-i++,-i--);
}
```

程序运行结果如图 3-6 所示。

图 3-6　程序运行结果

以上代码先对最后一项-i--求值，得-8，此时 i 不自减，等 printf 语句执行完以后自减 1；再对-i++求值，得-8，此时 i 不自加，等 printf 语句执行完以后自加 1；再对 i--求值，得 8，此时 i 不自减，等 printf 语句执行完以后自减 1；再对 i++求值，得 8，此时 i 不自加，等 printf 语句执行完以后自加 1；再对--i 求值，由于 i 先自减 1，得 7；最后对++i 求值，由于 i 先自增 1，得 8。

【例3-6】使用多条 printf 语句输出数据。

```
#include <stdio.h>
void main()
{
    int i=8;
    printf("%d,",++i);
    printf("%d,",--i);
    printf("%d,",i++);
    printf("%d,",i--);
    printf("%d,",-i++);
    printf("%d\n",-i--);
}
```

程序运行结果如图 3-7 所示。

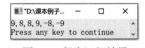

图 3-7　程序运行结果

在以上两个示例中，例 3-5 用一条 printf 语句输出了多个数据，例 3-6 则用多条 printf 语句分别输出了同样的多个数据。从程序运行结果可以看出：计算结果大不相同。为什么计算结果会大不相同呢？因为在 printf 函数中，参数列表的求值是从右向左进行的。在实际编写程序的过程中，应避免写这样的语句，否则容易使计算逻辑不清晰。最后说明一下，这两个示例在不同编译器下运行时，输出结果也可能不同。

但是必须注意，求值顺序虽然是从右向左，但输出顺序仍是从左向右。请思考：在例 3-6 中，当最后一条 printf 语句执行完之后，i 的值是多少？

4. 有关 printf 函数的几点说明

(1) 编译器只检查 printf 函数的调用形式，不分析格式控制字符串。如果格式声明字符串与输出数据的类型不匹配，将无法正确输出。

(2) 格式声明字符串与输出的数据个数应相同，并且要按顺序一一对应。

(3) 当格式声明字符串与输出数据的类型不一致时，将自动按格式声明字符串指定的格式进行输出。

(4) 输出参数除了可以是常量和变量之外，也可以是表达式和函数调用。

3.3.2　格式输入函数

scanf 函数称为格式输入函数，功能是按用户指定的格式将通过键盘输入的数据保存到指定的变量中。scanf 函数是标准库函数，定义在头文件 stdio.h 中。

1. scanf 函数的基本格式

scanf 函数的基本格式如下：

```
scanf("格式控制字符串",地址 1,地址 2,…);
```

其中，格式控制字符串包括一个或多个以%开头的格式声明字符串，%的后面可以跟一个或多个规定的格式控制字符，格式声明字符串在格式控制字符串中用来占位，从而在相应的位置使用格式声明字符串确定数据输入格式，再按输入顺序，将数据存储到与后面的地址列表对应的变量存储空间中。

一般情况下，地址列表是一个或多个以&开头的变量名列表，变量名之间用逗号分隔。这里的&是取址运算符。图 3-8 展示了 scanf 函数中格式声明字符串与参数的对应关系。

图 3-8　格式声明字符串与参数的对应关系

2. scanf 函数中的格式声明

在 scanf 函数中，格式声明的完整格式如下：

```
%[*][输入数据宽度][长度]类型
```

注意，在格式声明字符串中，并不是每一项都是必填项。下面对组成格式声明的各个选项进行说明。

(1) %：格式声明的起始符号，不可缺少。

(2) *：用于表示读入后不赋予相应的变量，也就是跳过输入的值。例如：

```
scanf("%d %*d %d",&a,&b);
```

当输入 1␣2␣3↵时，1 被赋予变量 a，2 被跳过，3 被赋予变量 b(注意，␣表示空格，↵表示回车)。

(3) 输入数据宽度：可使用十进制整数指定输入数据的宽度(也就是字符个数)。例如：

```
scanf("%3d",&a);
```

如果输入 12345678，那么只把 123 赋予变量 a，其余部分则抛弃。

又如：

```
scanf("%3d%3d",&a,&b);
```

如果输入 1234567890，那么把 123 赋予变量 a，而把 567 赋予变量 b，其余部分则抛弃。

(4) 长度：为 l 或 h。l 表示输入长整型数据(%ld、%lo、%lx 或%lu)以及 double 型数据(%lf 或%le)。h 表示输入短整型数据(%hd、%ho、%hx)。

(5) 类型：表 3-3 展示了 scanf 函数中的部分格式类型字符，它们的用法和 printf 函数中的用法相似。

表 3-3   scanf 函数中的部分格式类型字符及说明

格式类型字符	字符意义
d、i	输入十进制的有符号整数和长整型数据
u	输入十进制的无符号整数和长整型数据
f 或 e	输入实型数据，可以小数形式或指数形式输入
o	输入以八进制表示的无符号整数和长整型数据
x、X	输入以十六进制表示的无符号整数和长整型数据
c	输入单个字符
s	输入字符串，将字符串保存到一个字符数组中，并以字符串的结束标志'\0'作为字符数组中的最后一个字符

【例 3-7】格式化输入练习。

```c
#include <stdio.h>
void main()
{
    int a,b,c;
    printf("input a b c\n");
    scanf("%d%d%d",&a,&b,&c);
    printf("a=%d,b=%d,c=%d",a,b,c);
}
```

输入 7␣8␣9↵，程序运行结果如图 3-9 所示。

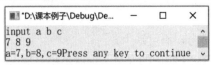

图 3-9   程序运行结果

　　由于 scanf 函数本身不显示提示信息，因此在使用 scanf 函数之前，通常应该先使用 printf
语句在屏幕上显示提示信息，提示信息应尽可能与 scanf 函数的格式声明保持一致，例如 input a
b c。执行 scanf 语句，进入等待用户输入状态。用户输入 7、8、9 后，按下回车键，程序会继
续执行，否则一直处于等待用户输入状态。在 scanf 函数的格式控制字符串中，由于没有非格
式控制字符在三个%d 之间用作分隔符，因此在输入时需要以空格、Tab 键或回车键作为每两个
输入数据之间的分隔符。例如，当使用空格作为分隔符时，输入格式如下：

7␣8␣9↵

当使用回车键作为分隔符时，输入格式如下：

7↵
8↵
9↵

请尝试输入 7␣8␣9↵，看一下结果如何？

3. 有关 scanf 函数的几点说明

　　(1) scanf 函数中没有精度控制，scanf("%5.2f",&a);是非法语句，不能试图使用这条语句来控
制输入小数位为两位的实数。

　　(2) scanf 函数要求给出变量地址，给出变量名则会出错。例如，假设 a 和 b 为整型变量，
写成 scanf("%d%d",a,b);是不对的，应将“a,b”改为“&a,&b”。

　　(3) 在格式控制字符串中，如果除了格式声明字符串之外还有其他字符，那么当输入数据
时，在对应的位置应输入与这些字符相同的字符。例如：

scanf("a=%d,b=%d,c=%d",&a,&b,&c);

于是在输入数据时，应在对应的位置输入同样的字符，也就是输“入 a=1,b=2,c=3”。

　　如果输入 1␣2␣3，就会出错，因为系统会将输入的字符与 scanf 函数中的格式声明字符串
逐字符进行对照检查。注意：在 a=1 的后面还需要输入一个逗号，从而与 scanf 函数的格式控
制字符串中的逗号对应。

　　(4) 当输入多个数值时，如果格式控制字符串中没有非格式字符用作输入数据之间的分隔
符，那么可以使用空格、Tab 键或回车键作为分隔符。编译器在遇到空格、Tab 键、回车键或
非法数据(比如为%d 输入的 12F 即为非法数据)时，将认为数据输入结束。

　　(5) 当输入字符数据时，若格式控制字符串中没有非格式字符，则认为输入的所有字符均
为有效字符。

　　例如，对于 scanf("%c%c%c",&a,&b,&c);，当输入 x␣y␣z 时，就把'x'赋予 a，把'␣'赋予 b，
把'y'赋予 c。

　　如果在格式控制字符串中加入空格作为分隔符，例如 scanf("%c␣%c␣%c",&a,&b,&c);，那
么当输入时，数据之间也应该加空格作为分隔符。

　　(6) 使用 scanf 函数时，应该高度关注格式控制字符串中设定的输入格式，并尽量在 scanf
语句之前添加一条 printf 语句，用于提示使用者按照指定的格式输入数据。例如：

printf("input abc:")
scanf("%c%c%c",&a,&b,&c)

或者

```
printf("input a,b,c:")
scanf("%c,%c,%c",&a,&b,&c)
```

(7) 如果输入的数据与输出类型不一致，那么虽然编译能够通过，但结果将不正确。

【例3-8】输入数据与输出类型不一致将导致程序运行结果不正确。

```
#include <stdio.h>
void main()
{
    float a;
    printf("input a number\n");
    scanf("%f",&a);
    printf("%d",a);
}
```

输入 10↓，程序运行结果如图 3-10 所示。

由于输入类型为实型，而输出语句要求按整型输出，因此指定的输出类型和输入类型不一致，于是导致程序运行结果不正确。

图 3-10　程序运行结果

【例3-9】输入三个小写字母，输出它们的 ASCII 码值以及对应的大写字母。

```
#include <stdio.h>
void main()
{
    char a,b,c;
    printf("input three little characters a,b,c\n");
    scanf("%c,%c,%c",&a,&b,&c);
    printf("%d,%d,%d\n%c,%c,%c\n",a,b,c,a-32,b-32,c-32);
}
```

输入 x、y、z，程序运行结果如图 3-11 所示。

图 3-11　程序运行结果

3.4　本章小结

(1) 本章介绍了两组输入输出函数，这些函数都定义在头文件 stdio.h 中，因此在使用它们之前，必须使用宏命令#include 将对应的头文件包含到源文件中。

(2) 字符输入输出函数只处理单个字符的输入输出。

(3) 格式输入输出函数可以一次性处理一个或多个字符，并按照指定的格式进行输入输出。

3.5　编程经验

(1) 使用 scanf 函数时，需要给出变量的地址。

(2) 使用 scanf 函数时可以设定域宽，但不能设定精度。

(3) 使用 scanf 函数时，应该高度关注格式控制字符串中设定的输入格式，并尽量在 scanf 语句之前添加一条 printf 语句，用于提示使用者按照指定的格式输入数据。

3.6　本章习题

1. 阅读程序，写出程序运行后的输出结果。

(1) # include <stdio.h>
```
void main()
{
int a=1, b=0;
printf ("%d,", b=a+b);
printf ("%d\n", a=2*b);
}
```

程序运行后的输出结果是(　　)。

(2) # include <stdio.h>
```
void main()
{
char c1,c2;
c1='A'+'8'-'4';
c2='A'+'8'-'5';
printf("%c,%d\n",c1,c2);
}
```

已知字母 A 的 ASCII 码值为 65，程序运行后的输出结果是(　　)。

(3) # include <stdio.h>
```
void main()
{
char a[20]="How are you?",b[20];
scanf("%s",b); printf("%s %s\n",a,b);
}
```

程序运行后从键盘输入 How are you?↙
输出结果为(　　)。

(4) 请使用下列程序输入各种类型的数据，查看运行结果。

```
#include <stdio.h>
void main()
{
int a,b;
```

```
    char ch;
    long L;

    printf("please input a number and a character like this \"12,c\"\n");
    scanf("%d,%c",&a,&ch);
    printf("please input a number small than 1000\n");
    scanf("%3d",&b);
    printf("input a long int data:");
    scanf("%ld",&L);
    printf("a=%d**b=%d**ch='%c'**L=%ld\n",a,b,ch,L);
}
```

2. 编写程序

(1) 编写程序，使用键盘输入 3 个数字，对它们求和并输出。

(2) 编写程序，使用键盘输入圆的半径，然后输出圆的周长和面积。

3. 选择题

(1) 以下不能输出字母 A 的语句是____。注意，字母 A 的 ASCII 码值为 65，字母 a 的 ASCII 码值为 97。

    (A) printf("%c\n",'a'-32);   (B) printf("%d\n",'A');

    (C) printf("%c\n",65);   (D) printf("%c\n",'B'-1);

(2) 假设存在定义语句 doublex,y,*px,*py;，执行语句 px=&x,py=&y;之后，请问正确的输入语句是____。

    (A) scanf("%f%f",x,y);   (B) scanf("%f%f"&x&y);

    (C) scanf("%lf%le",px,py);   (D) scanf("%lf%le",x,y);

(3) 假设存在语句 char ch1,ch2; scanf("%c%c",&ch1,&ch2);，要为变量 ch1 和 ch2 分别输入字母 A 和 B，正确的输入形式应该是____。

    (A) A 和 B 之间用逗号分隔   (B) A 和 B 之间不能有任何分隔符

    (C) A 和 B 之间可以用回车分隔   (D) A 和 B 之间用空格分隔

第 4 章
程序控制结构

本章概览

本章首先简单介绍算法的概念、特征及描述方法，然后分别讲解构成程序的三种控制结构：顺序结构、选择结构和循环结构，这三种基本结构可以组成所有的大型程序。

知识框架

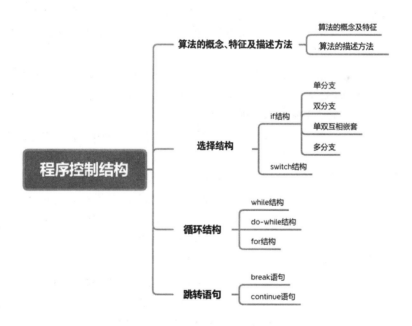

4.1 算法概述

4.1.1 算法的概念与特征

1. 算法的概念

我们可以通过编写程序来指挥计算机完成各种任务。对于某个具体的任务，应该如何编写合适的程序来完成吗？这就需要为程序设计算法。算法早已融入人们的生活当中，例如，到城里开会，应坐哪趟车？如果堵车怎么办？这里面就包含"算法的思想"。

在计算机中，算法是指为解决具体问题而采取的方法和步骤，设计好了算法，就可以使用具体的语言进行描述，最终转换为用来解决问题的计算机程序。因此，算法是一组定义完好且排列有序的指令集合，可在有限的时间内执行完并且输出结果。在编写程序之前，我们需要对问题进行充分的分析，设计解题的步骤与方法，然后根据算法编写程序。

2. 算法的特征

算法具有以下特征：

(1) 有穷性。一个算法必须包含它所涉及的每一种情况，并且能够在执行有限的步骤后结束。这里所说的"有限的步骤"必须在人们可以忍受的合理范围内，有些算法虽然可以得到最终的结果，但是消耗的时间使人们无法忍受，这样的算法也就失去了实际的意义。例如经典的旅行商问题，如果使用穷举法，耗尽人的一生都得不到结果，这是没有任何实用价值的。再比如，假设想要编写一个从 1 开始对整数进行累加的程序，这时一定要注意设定整数的上限，否则程序将无休止地运行下去，成为死循环。

(2) 可行性。可行性是指算法中的操作都可以通过已实现的基本运算在有限的次数内完成。

(3) 确定性。确定性是指算法中的语句都必须有确切的含义，不能存在二义性。确定性保证了算法在相同的输入条件下输出相同的结果。

(4) I/O 特性。算法必须有零个或多个输入以及一个或多个输出。算法可以没有输入，但一定要有输出。输入是指算法在运行过程中所需要的数据，如算法的加工对象、初始数据、初始状态、初始条件等。算法既然是为解决某一特定问题而设计的，那就应该包含至少一个输出，并最终输出解决问题的结果和方案。没有任何输出信息的算法是没有意义的。

(5) 有效性。算法中的每一个步骤都应当能够有效执行，并得到确定的结果。算法中若出现不可执行的操作，比如将某个数除以 0，算法将不能有效执行。

除此之外，当衡量一个算法的好坏时，通常还需要从以下几个方面进行分析。

● 可读性。编写算法时，应尽量使算法简明易懂。如果一个算法十分抽象、难以理解，那么这个算法在修改、扩展及维护时都将十分不方便。

● 健壮性。健壮性是指当输入的数据非法时，算法也会做出相应的判断，而不会因为输入错误导致程序瘫痪。

● 时间复杂度与空间复杂度。时间复杂度是指执行算法时消耗的时间，空间复杂度是指运行算法所需的存储空间。当追求较好的时间复杂度时，可能会使空间复杂度变差，导致占用更多的存储空间；反之，当追求较好的空间复杂度时，可能会使时间复杂度变差，导致占用较长的运行时间。然而，鱼和熊掌不可兼得，我们需要在它们之间做好平衡。

4.1.2　算法的描述方法

设计好的算法需要一种表达方式，也就是对算法进行描述。算法有好几种不同的描述方法，常用的有自然语言、流程图、N-S 图、伪代码等。

1. 自然语言

自然语言就是人们日常使用的语言，但是当使用自然语言描述算法时，存在的问题就是人们对使用自然语言所做的描述往往会产生不同的理解。由算法的确定性特征可知，必须使用一种精确的、无歧义的描述语言对算法进行描述，这样算法才具有通用性。

【例 4-1】任意输入 3 个数，求这 3 个数中的最大数。

(1) 定义 4 个变量，分别命名为 x、y、z 以及 max。

(2) 输入大小不同的 3 个数，分别赋给 x、y、z。

(3) 判断 x 是否大于 y，如果大于，就将 x 的值赋给 max，否则将 y 的值赋给 max。

(4) 判断 z 是否大于 max，如果大于，就将 z 的值赋给 max。

(5) 将 max 的值输出。

【例 4-2】求 $1-\dfrac{1}{2}+\dfrac{1}{3}-\dfrac{1}{4}+\dfrac{1}{5}-\cdots+\dfrac{1}{99}-\dfrac{1}{100}$ 的值。

(1) 定义变量 sum，用来存放整个结果；定义变量 deno，用来存放每一项的分母；定义变量 sign，用来存放符号；定义变量 term，用来存放每一项的值。

(2) 将 1 赋给 sum，将 2 赋给 deno，将 1 赋给 sign。

(3) 将 sign 的值取反，用来计算每一项的符号。

(4) 求 deno 的倒数，与 sign 相乘得到每一项的值，将得到的值赋给 term。

(5) 将 sum 与 term 的和赋给 sum。

(6) 将 deno 的值加 1。

(7) 判断 deno 的值是否大于 100。

(8) 如果 deno 的值小于或等于 100，返回步骤(3)。

(9) 如果 deno 的值大于 100，结束。

例 4-1 和例 4-2 所示算法的实现过程就是采用自然语言来描述的。自然语言的优点就是易懂，但是对于流程复杂的程序来说，使用自然语言就很容易产生描述不清晰的问题，甚至产生歧义。针对自然语言描述法的缺点，业界又产生了流程图、N-S 图和伪代码等描述方法。

2. 流程图

流程图又叫程序框图，是一种采用图形来表示算法的描述工具。这种描述工具使用指定的几何框图和流程线来描述各步骤的操作和执行过程，常用的流程图符号如表 4-1 所示。

流程图的特点是使用流程线为算法执行中的一系列步骤指定时间上的先后顺序，因此，这种描述方法能把程序执行的控制流程表达得十分清楚。但是，由于流程线的画法比较灵活，使用不当的话，会使读者在流程图中转来转去而不知所措；因此，在画流程图时，一要严格采用标准图形，二要通过逐步求精来规划由少数基本结构块组成的结构化流程图。

表 4-1　常用的流程图符号

符号	作用	符号	作用
⬭	起始框：表示程序的起始和结束	▱	输入输出框：表示输入输出数据
▭	处理框：表示完成某种操作	→	流程线：表示程序的执行方向
◇	判断框：表示进行判断	○	连接点：表示两幅流程图的连接位置

对于流程图，下面进行一些补充说明：
- 流程线是有向线段，当未标箭头时，表示向右或向下。
- 循环的界定符号要成对出现，并且循环名要上下一致。
- 在流程线上可以写明一些条件的取值。

可以使用流程图描述程序的三种控制结构，如图 4-1 所示。

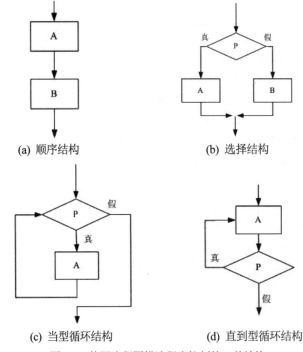

(a) 顺序结构　　(b) 选择结构

(c) 当型循环结构　　(d) 直到型循环结构

图 4-1　使用流程图描述程序控制的三种结构

例 4-1 和例 4-2 的流程图分别如图 4-2 和图 4-3 所示。

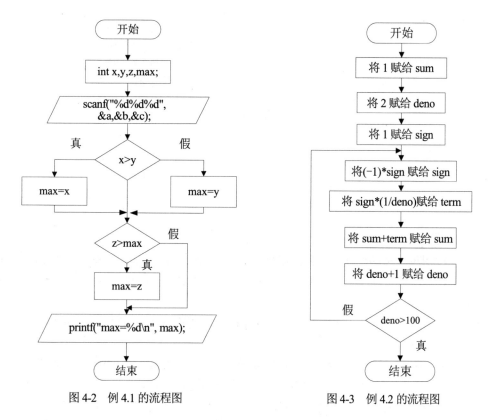

图 4-2　例 4.1 的流程图　　　　　　　图 4-3　例 4.2 的流程图

　　从图 4-2 和图 4-3 可以看出：使用流程图描述算法的优点是形象直观、表示清晰，并且各个框之间逻辑关系清楚；缺点是流程图占用篇幅较大，当算法比较复杂时，画流程图费时且不方便，甚至会出现流程线相互交叉的混乱情况。如果把每一种基本流程看成结构块，那么程序从上至下其实就是顺序结构。

3. N-S 图

　　N-S 图是一种真正的结构化描述方法，由于没有流程线，因此不会产生因流程线太乱而导致的错误。将程序的三种控制结构改用 N-S 图描述的话，效果如图 4-4 所示。

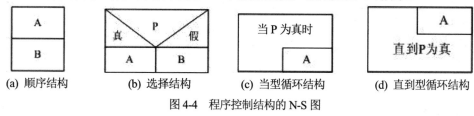

(a) 顺序结构　　　　　(b) 选择结构　　　　　(c) 当型循环结构　　　　(d) 直到型循环结构

图 4-4　程序控制结构的 N-S 图

例 4-1 和例 4-2 的 N-S 图分别如图 4-5 和图 4-6 所示。

图 4-5 例 4.1 的 N-S 图

图 4-6 例 4.2 的 N-S 图

4. 伪代码

使用流程图和 N-S 图描述算法虽然直观，但画起来费时费力，加之在设计时需要反复修改；因此，它们在算法设计过程中的使用并不方便。为了在设计算法时更方便，可以使用伪代码作为描述算法的工具。

伪代码(pseudo code)是介于自然语言与计算机语言之间的算法描述工具，使用时的一般步骤为：

(1) 自顶向下，将问题描述为几个子问题或子功能，不要试图一下子就触及问题解法的细节。

(2) 在子问题一级描述算法。伪代码与上面几种描述方法有着明显的区别，上面几种都使用图形来描述算法，而伪代码则借助自然语言和计算机语言之间的文字和符号来描述算法。

使用伪代码描述算法并没有严格的语法规则，只要把意思表达清楚、书写格式清晰易读即可。下面改用伪代码描述程序的三种控制结构。

● 顺序结构。

```
处理 A
处理 B
```

● 选择结构。

```
if(P)
    A
else
    B
```

● 当型循环结构。

```
while(条件)
    {循环体}
```

● 直到型循环结构。

```
do
    {循环体}
while(条件);
```

● 多分支选择结构。

```
switch(条件变量)
    {   变量取值 1；处理分支 1
        变量取值 2；处理分支 2
        …
        变量取值 n；处理分支 n
    }
```

由此不难看出，使用伪代码描述算法相当于对算法进行文字性说明，因而可以使用人们最习惯的自然语言。伪代码书写格式自由，容易表达出设计者的思想。同时，使用伪代码书写的算法容易修改，这就为灵活方便地描述算法以及提高可读性创造了良好的条件。

4.1.3　算法应用举例

【例 4-3】计算 $S=\sum_{n=1}^{100} n$ ，使用不同的描述方法描述背后的算法。

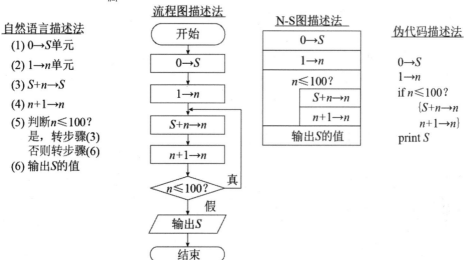

4.2　顺序结构

1. C 语句的分类

C 语句分为 5 类，分别是表达式语句、函数调用语句、控制语句、复合语句和空语句。

1) 表达式语句

表达式语句由表达式加上分号组成，一般形式为：

```
表达式；
```

我们可以看到，表达式在末尾加上分号以后，就成了语句，执行表达式语句就是计算表达式的值。例如，以下都是表达式语句：

```
a=3;
x=y+z;
i=i++;
y+z;
```

最常用的表达式语句是由赋值表达式构成的赋值语句，例如上面的前 3 条语句；而第 4 条语句是加法运算语句，由于计算结果不能保留，因此没有实际意义。

2) 函数调用语句

函数调用语句由函数名、实际参数并加上分号组成，一般形式为：

函数名(实际参数表);

执行函数调用语句就是调用函数并把实际参数传递给函数定义中的形式参数，然后执行函数体中的语句，计算出函数的值。例如，下面的语句将调用库函数 printf 并输出一个字符串：

printf("C Program");

3) 控制语句

控制语句用于控制程序的流程，以实现程序的各种结构。C 语言有 9 种控制语句，分为以下三类。

- 条件判断语句：if 语句、switch 语句。
- 循环执行语句：do while 语句、while 语句、for 语句。
- 跳转语句：break 语句、goto 语句、continue 语句、return 语句。

4) 复合语句

将多条语句用花括号{}括起来之后形成的语句称为复合语句。在程序中，应把复合语句看成单条语句而不是多条语句。

【例 4-4】在复合语句中定义变量并使其参与运算。

```
#include<stdio.h>
void main()
{
  int x;
   x=100;
    {                    //复合语句开始
      int x=24;
      printf("x=%d\n",x);
    }                    //复合语句结束
    printf("x=%d\n",x);
}
```

运行结果如下：

```
x=24        (复合语句中的 x)
x=100       (main 函数中的 x)
```

注意：

- 复合语句中的各条语句都必须以分号结尾，在右花括号}之后不能再加分号。
- 复合语句在语法上应视为一条语句，同一对花括号中的语句数量不限。

● 在复合语句中，不仅可以有执行语句，也可以有定义语句，定义语句应该出现在执行语句的前面。

5) 空语句

仅由分号组成的语句称为空语句。空语句是什么也不执行的语句。

例如，下面的循环语句使用空语句作为循环体。

```
while(getchar()!='\n');
```

以上语句的功能是，只要从键盘输入的字符不是回车，就重新输入。

2. 顺序结构的程序

在顺序结构的程序中，语句是按自上而下的顺序执行的，一个操作执行完之后，就接着执行后面的下一个操作，不需要进行任何判断。顺序结构的程序基本上由函数调用语句和表达式语句构成。

【例 4-5】编写程序，求 sum = a + b 的值，画出程序的一般流程图和 N-S 图。

```
#include <stdio.h>
void main( )
{
    int a,b,sum;                // 定义变量 a、b、sum
    a=10;
    b=8;
    sum=a+b;
    printf("sum=%d",sum);       // 输出变量 sum 的值
}
```

上述程序的一般流程图和 N-S 图如图 4-7 所示。

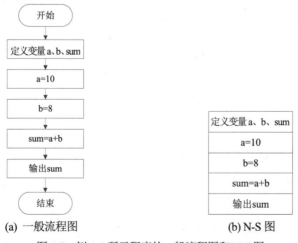

(a) 一般流程图　　　　　　(b) N-S 图

图 4-7　例 4-5 所示程序的一般流程图和 N-S 图

【例 4-6】输入三角形的三个边长，求三角形的面积。已知三角形的三个边的边长分别为 *a*、*b*、*c*，三角形的面积计算公式为：

$$area = \sqrt{s(s-a)(s-b)(s-c)}$$

其中，$s = (a+b+c)/2$。程序如下：

```
#include<stdio.h>
void main()
{
    float a,b,c,s,area;
    scanf("%f,%f,%f",&a,&b,&c);
    s=1.0/2*(a+b+c);
    area=sqrt(s*(s-a)*(s-b)*(s-c));          // sqrt 为求平方根函数
    printf("a=%7.2f,b=%7.2f,c=%7.2f,s=%7.2f\n",a,b,c,s);
    printf("area=%7.2f\n",area);
}
```

4.3 选择结构

选择结构是指在程序的不同分支中，按照所给的条件，从中选出一种来执行。用于实现选择结构的语句有 if 语句和 switch 语句。

4.3.1 if 语句

if 语句可以构成分支结构。可根据给定的条件进行判断，以决定执行哪个分支。C 语言中的 if 语句有三种基本形式：单分支 if 语句、if…else 双分支 if 语句和嵌套的 if 语句。

1. 单分支 if 语句

1) 语句形式

单分支 if 语句的一般形式如下：

if(表达式) 语句;

例如：

if(a<b) {t=a;a=b;b=t;}

在这里，if 是 C 语言中的关键字，其后的一对圆括号中的表达式可以是 C 语言中任意合法的表达式。表达式之后是一条语句，称为 if 子句。if 子句中若包含多条语句，则必须使用复合语句，因为复合语句可以看成"一条语句"。

2) 执行过程

执行单分支 if 语句时，首先计算紧跟在 if 后面的一对圆括号中的表达式的值。如果表达式的值为真(非零值)，就执行其后的 if 子句，然后执行 if 语句后的下一条语句；否则跳过 if 子句，直接执行 if 语句后的下一条语句。执行过程如图 4-8 所示。

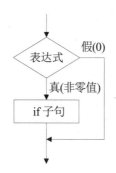

图 4-8　单分支 if 语句的流程图

【例 4-7】输入三个数 a、b、c，要求将它们按由小到大的顺序输出。

首先对 a 和 b 进行比较，如果 a 大于 b，将 a 和 b 互换，b 中存放较大的数，a 中存放较小的数。然后对 a 和 c 进行比较，如果 a 大于 c，将 a 和 c 互换，a 中存放较小的数。此时，a 中存放的是 a、b、c 中最小的数(a<b 且 a<c)。最后，对 b 和 c 进行比较，将最大的数存放到 c 中，此时 a<b<c。于是，我们便可以按照由小到大的顺序输出 a、b、c 的值。

```c
#include <stdio.h>
void main( )
{
  float a,b,c,temp;
  printf("请输入三个实数：");
  scanf("%f%f%f",&a,&b,&c);
  if(a>b)   {temp=a;a=b;b=temp;}          // 如果 a>b，就交换 a 和 b
  if(a>c)   {temp=a;a=c;c=temp;}          // 如果 a>c，就交换 a 和 c
  if(b>c)   {temp=b;b=c;c=temp;}          // 如果 b>c，就交换 b 和 c
  printf("三个数由小到大的顺序为：%5.3f,%5.3f,%5.3f",a,b,c);
}
```

程序运行结果如图 4-9 所示。

2. if…else 双分支 if 语句

1) 语句形式

图 4-9　程序运行结果

if…else 双分支 if 语句有两个分支，在不同的情况下可以执行不同的分支。

if…else 双分支 if 语句的一般形式如下：

```
if(表达式)
    语句 1;
else
    语句 2;
```

在这里，if 和 else 是 C 语言中的关键字，“语句 1”称为 if 子句，“语句 2”称为 else 子句。这些子句只允许为一条语句，若需要多条语句，则应该使用复合语句。

请注意，这里的 else 子句不是一条独立的语句，而只是 if 语句的一部分，因此只能与 if 子句配对使用，而不能独立使用。

2) 执行过程

执行 if…else 双分支 if 语句时，首先计算紧跟在 if 后面的一对圆括号中的表达式的值。如果表达式的值为真(非零值)，就执行其后的 if 子句(语句 1)，然后跳过 else 子句(语句 2)，执行 if 语句后的下一条语句；否则跳过 if 子句，执行 else 子句，执行完之后，接着执行 if 语句后的下一条语句。执行过程如图 4-10 所示。

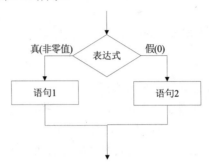

图 4-10　双分支 if 语句的流程图

【例 4-8】编写程序，求 a、b 两个数中较大的数，画出程序的一般流程图和 N-S 图。

```c
#include<stdio.h>
void main( )
{
    int a=10,b=8,max;        // 定义变量 a、b、max，并给 a 和 b 赋值
    if(a>b) max=a;            // 如果 a 大于 b，将 a 赋给 max
    else max=b;              // 否则将 b 赋给 max
    printf("max=%d",max);
}
```

程序运行结果如图 4-11 所示。

以上程序的部分流程图和 N-S 图如图 4-12 所示。

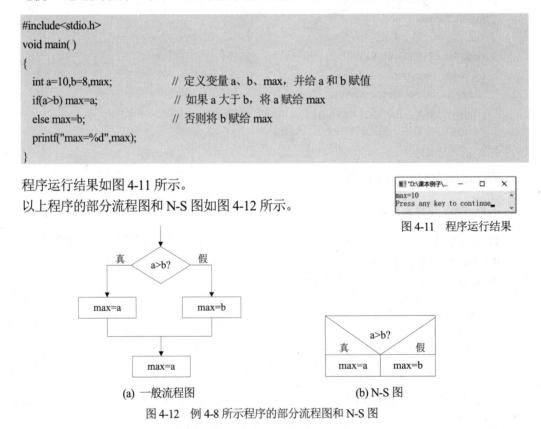

图 4-11　程序运行结果

(a) 一般流程图　　　　(b) N-S 图

图 4-12　例 4-8 所示程序的部分流程图和 N-S 图

【例 4-9】输入一个数，判断它是偶数还是奇数。

```c
#include<stdio.h>
void main()
{
    int a;
    printf("\tinput a number :");
    scanf("%d",&a);
    if(a%2==0)
        printf("\n\t%d is even \n",a);
    else
        printf("\n\t%d is odd \n",a);
}
```

程序运行结果如图 4-13 所示。

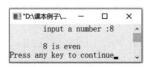

图 4-13　程序运行结果

3. 嵌套的 if 语句

当 if 语句中的执行语句又是 if 语句时，称这种情况为嵌套的 if 语句。

(1) 格式 1：在 if 子句中嵌套 if…else 双分支 if 语句。

```
if(表达式 1)
    if(表达式 2) 语句 1;
    else  语句 2;
else
语句;
```

(2) 格式 2：在 if 子句中嵌套单分支 if 语句。

```
if(表达式 1)
    {if(表达式 2) 语句 1;}
else
    语句 2;
```

(3) 格式 3：在 else 子句中嵌套 if…else 双分支 if 语句。

```
if(表达式 1) 语句 1;
else
    if(表达式 2) 语句 2;
    else  语句 3;
```

(4) 格式4: 在 else 子句中嵌套单分支 if 语句。

```
if(表达式1) 语句1;
else
    if(表达式2) 语句2;
```

(5) 格式5: 在单分支 if 子句中嵌套 if…else 双分支 if 语句。

```
if(表达式1)
    if(表达式2)
    语句1;
    else
        语句2;
```

为了避免 if 与 else 发生配对的二义性，C 语言规定，else 总是与其前面最近的那个尚未配对的 if 配对。

【例 4-10】按上面的格式 1 比较两个数的大小关系。

```
#include<stdio.h>
void main()
{
    int a,b;
    printf("please input A,B:    ");
    scanf("%d%d",&a,&b);
    if(a!=b)
        if(a>b)   printf("A>B\n");
        else       printf("A<B\n");
    else    printf("A=B\n");
}
```

例 4-10 使用了嵌套的 if 语句。采用嵌套结构实质上是为了进行多分支选择，这里实际上有三种选择: A>B、A<B 或 A=B。这种问题使用 if-else-if 语句也可以解决，而且程序更加清晰。因此，我们一般情况下不会使用嵌套的 if 语句，以使程序更便于阅读和理解。

【例 4-11】按格式 3 比较两个数的大小关系。

```
#include<stdio.h>
void main()
{
    int a,b;
    printf("please input A,B: ");
    scanf("%d%d",&a,&b);
    if(a==b) printf("A=B\n");
    else if(a>b)   printf("A>B\n");
        else       printf("A<B\n");
}
```

【例 4-12】用户登录程序。

```c
#include <stdio.h>
#include <string.h>
void main()
{
    int pw,f;
    char user[10];                 //定义用户名字符数组
    printf("用户登录 \n\n");
    printf("请输入用户名: ");
    scanf("%s",user);              //输入用户名
    f=strcmp(user,"zhangpeng");    //比较输入的用户名是否为 zhangpeng, 将返回值赋给 f
    if (f==0)
    {
        printf("请输入密码: ");
         scanf("%d",&pw);          //输入密码
        if (pw==123)              //比较密码是否为 123(假设用户的密码为 123)
          printf("欢迎使用本程序! %s\n\n",user);
        else
            printf("密码错误! \n\n");
    }
    else
        printf("用户名错误! \n\n");
}
```

【例 4-13】输入三个整数, 输出其中的最大数和最小数。

```c
#include <stdio.h>
void main()
{
    int a,b,c,max,min;
    printf("请输入 3 个整数:        ");
    scanf("%d%d%d",&a,&b,&c);
    if(a>b)
      {max=a;min=b;}
    else
      {max=b;min=a;}
    if(max<c)
      max=c;
    else
      if(min>c)
        min=c;
    printf("max=%d\nmin=%d\n",max,min);
}
```

以上程序首先比较输入的 a 和 b 的大小，并将大数存入 max 中，将小数存入 min 中。然后再与 c 进行比较，若 max 小于 c，则把 c 赋给 max；若 c 小于 min，则把 c 赋给 min。因此，max 中总是最大数，而 min 中总是最小数。最后，输出 max 和 min 的值即可。

运行程序，输入 6、7、8 三个整数后，输出的 max 值为 8、min 值为 6。程序运行结果如图 4-14 所示。

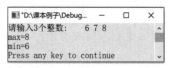

图 4-14　程序运行结果

【例 4-14】针对如下数学函数，编写程序，根据输入的值，输出计算结果。

$$y=\begin{cases} x^2+1 & (x>0) \\ 0 & (x=0) \\ x & (x<0) \end{cases}$$

此例中出现了分段函数，一般情况下，分段函数的处理需要使用嵌套的 if 语句：如果 x 小于 0，则 y=x；否则，如果 x 等于 0，则 y=0；否则，y=x*x+1。

程序如下：

```
#include<stdio.h>
void main( )
{
    int x,y;
    printf("请输入一个整数：");
    scanf("%d",&x);
    if(x<0)   y=x;                // 当 x<0 时，将 x 赋给 y
    else if(x==0) y=0;           // 当 x==0 时，将 0 赋给 y
        else y=x*x+1;            // 当 x>0 时，将 x*x+1 赋给 y
    printf("y=%d\n",y);
}
```

运行程序，输入 3 这个整数后，输出 y=10，程序运行结果如图 4-15 所示。

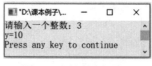

图 4-15　程序运行结果

【例 4-15】编写程序，判断某年是否为闰年，画出判别闰年的 N-S 图，如图 4-16 所示。

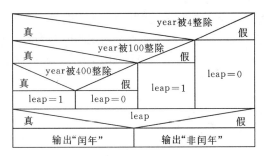

图 4-16　判别闰年的 N-S 图

程序如下：

```
#include <stdio.h>
void main()
{int year, leap;
 scanf("%d",&year);
 if (year%4==0)
   {if (year%100==0)
       {if (year%400==0)    leap=1;    //leap=1 为闰年
         else leap=0;}                 //leap=0 为非闰年
    else leap=1;}
 else leap=0;
 if (leap) printf("%d is ",year);
 else printf("%d is not ",year);
 printf("a leap year.\n");}
```

程序运行结果如图 4-17 所示。

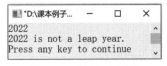

图 4-17　程序运行结果

4. 多分支 if 语句

多分支 if 语句是对 if…else 双分支 if 语句的一种补充，简称 if-else-if 语句。这种 if 语句可以对多个条件进行判断，并在条件成立时执行相应的语句。

多分支 if 语句的一般形式如下：

　　语义如下：依次判断每个表达式的值，当某个表达式的值为真时，执行对应的语句，然后跳到整个 if 语句之外，继续执行程序；如果所有表达式的值都为假，就执行最后一条语句，然后继续执行后续代码。if-else-if 语句的执行过程如图 4-18 所示(这里假设上述一般形式中的 $m=4$)。

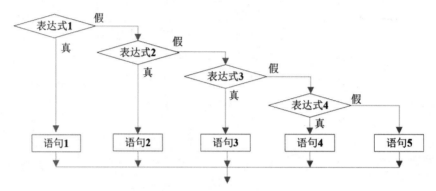

图 4-18　多分支 if 语句的流程图

【例 4-16】判断所输入字符的类型。

```c
#include<stdio.h>
void main()
{
    char c;
    printf("input a character: ");
    c=getchar();
    if(c<32)
        printf("This is a control character\n");
    else if(c>='0'&&c<='9')
        printf("This is a digit\n");
    else if(c>='A'&&c<='Z')
        printf("This is a capital letter\n");
    else if(c>='a'&&c<='z')
        printf("This is a small letter\n");
    else
        printf("This is an other character\n");
}
```

程序运行结果如图 4-19 所示。

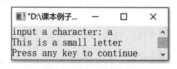

图 4-19　程序运行结果

　　此例要求判别用户通过键盘输入的字符的类型。可根据所输入字符的 ASCII 码值来判别类型。由 ASCII 码表可知，ASCII 码值小于 32 的为控制字符，0 和 9 之间的为数字，A 和 Z 之间的为大写字母，a 和 z 之间的为小写字母，其余的为其他字符。这是一个多分支选择问题，可以使用 if-else-if 语句来判断所输入字符的 ASCII 码值所在的范围，然后分别显示不同的输出。

【例 4-17】求方程 $ax^2+bx+c=0$ 的根，a、b、c 由键盘输入，然后画出程序的一般流程图和 N-S 图。

由于 $q = \dfrac{\sqrt{b^2 - 4ac}}{2a}$ 且 $p = \dfrac{-b}{2a}$，因此上述一元二次方程的两个实根分别是 $x_1=p+q$ 和 $x_2=p-q$。

程序的一般流程图和 N-S 图如图 4-20 所示。

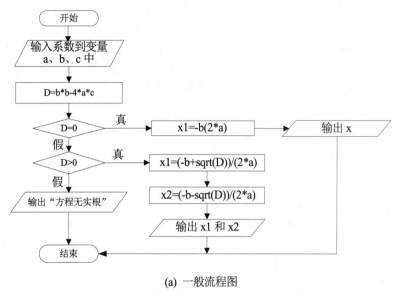

(a) 一般流程图

真		a=0			假
输出 "非二次方程"	真		$b^2-4ac=0$		假
	输出两个相等实根： $-\dfrac{b}{2a}$	真		$b^2-4ac>0$	假
		$x_1 = \dfrac{-b + \sqrt{b^2 - 4ac}}{2a}$ $x_2 = \dfrac{-b - \sqrt{b^2 - 4ac}}{2a}$		计算复根的实部和虚部： 实部 $p = -\dfrac{b}{2a}$ 虚部 $q = \dfrac{\sqrt{-(b^2 - 4ac)}}{2a}$	
		输出两个实根 x_1、x_2		输出两个复根： $p+q$i $p-q$i	

(b) N-S 图

图 4-20　程序的一般流程图和 N-S 图

程序如下：

```
#include <stdio.h>
#include <math.h>
```

```
void main()
{
  int a,b,c;
  float D,x1,x2;
  printf("求一元二次方程的根\n\n");
  printf("请输入系数 a、b、c(用逗号分隔): ");
  scanf("a=%db=%d,c=%d",&a,&b,&c);
  D=b*b-4*a*c;
  if(D==0)
  {
    x1= b/(2*a);
    printf("方程%dx^2+%dx+%d=0 有一个实根: x1=%f\n",a,b,c,x1);
  }
  else if(D>0)                                //判断是否有两个不同的实数根
  {
    x1=(-b+sqrt(D))/(2*a);
    x2=(-b-sqrt(D))/(2*a);
    printf("方程%dx^2+%dx+%d=0 有两个不同的实根: x1=%f, x2=%f\n",a,b,c,x1,x2);
  }
  else
    printf("方程%dx^2+%dx+%d=0 没有实根: \n",a,b,c);
}
```

使用 if 语句时，请注意如下事项。

(1) 整个 if 语句既可以写在多行上，也可以写在一行上，例如：

```
if(a>b) max=a; else max=b;
```

(2) 在 if 语句的三种形式中，if 关键字之后的圆括号内的表达式通常是逻辑表达式或关系表达式，但也可以是其他类型的表达式，如赋值表达式等，甚至可以是变量或常量。如果表达式的值为非零值，就判断为"真"，为 0 时判断为"假"。

例如，以下 if 语句的写法都是正确的。

```
if(a==b&&x==y) printf("a=b,x=y");    //表达式为逻辑表达式
if(3) printf("OK");                   //表达式为数字常量
if('a') printf("%d",'a');             //表达式为字符常量
```

(3) 在 if 语句中，语句 1、语句 2……语句 n 是 if 语句的内嵌语句，每条内嵌语句的末尾必须加分号。

(4) 在 if 语句的三种形式中，所有语句都应当为单条语句。如果想要在满足条件时执行一组(多条)语句，则必须将这些语句用花括号括起来形成复合语句。但需要注意的是，在右花括号}之后不能再加分号，而是在复合语句中的每一条语句的末尾加分号。

例如：

```
if(a>b)
    {a++; b++;}
```

```
else
    {a=0; b=10;}
```

(5) if(x)等价于 if(x!=0)，if(!x)则等价于 if(x==0)。

5. 条件运算符和条件表达式

前面介绍了如何使用 C 语言中的 if 语句来构成程序的选择结构。C 语言还提供了一个特殊的运算符：条件运算符。使用由条件运算符构成的条件表达式可以形成简单的选择结构。这种选择结构能以表达式的形式内嵌到允许出现表达式的地方，这使得我们可以根据不同的条件使用不同的数据参与运算。

(1) 条件运算符与条件表达式的一般形式。

条件运算符?:是三目运算符，参与运算的操作数有三个。组成条件运算符的?和:是一对运算符，不能分开单独使用。

由条件运算符构成的条件表达式的一般形式为：

> 表达式 1 ? 表达式 2:表达式 3

(2) 条件表达式的运算功能。

条件表达式的求值规则为：如果表达式 1 的值为真，则求出表达式 2 的值作为整个条件表达式的值，否则求出表达式 3 的值作为整个条件表达式的值。

条件表达式通常用于赋值语句。

例如，下面的条件语句

```
if(a>b)    max=a;
else       max=b;
```

可使用条件表达式改写为

> max=(a>b)?a:b;

上述语句的语义是：若 a>b 为真，就把 a 赋给 max，否则把 b 赋给 max。

(3) 条件运算符的优先级。

条件运算符的优先级低于关系运算符和算术运算符，但高于赋值运算符。因此，下面的语句

> max=(a>b)?a:b

可以去掉圆括号，改写为

> max=a>b?a:b

(4) 条件运算符的结合方向是从右向左。

例如，下面的语句

> a>b?a:c>d?c:d

应理解为

> a>b?a:(c>d?c:d)

这里的条件表达式发生了嵌套，因为其中的(c>d?c:d)也是条件表达式。

【例4-18】使用条件表达式输出两个数中的较大数。

```c
#include<stdio.h>
void main()
{
    int a,b;
    printf("\n input two numbers:    ");
    scanf("%d%d",&a,&b);
    printf("max=%d\n",a>b?a:b);
}
```

程序运行结果如图4-21所示。

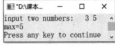

图4-21　程序运行结果

4.3.2　switch 语句

if 语句只有两个分支可供选择，但有不少问题需要用到多分支选择。C 语言提供了用于多分支选择的 switch 语句。

1. switch 语句的一般形式

switch 语句的一般形式为：

```
switch(表达式)
{
    case 常量表达式1:      语句1
    case 常量表达式2:      语句2
           …
    case 常量表达式 n:     语句 n
    default         :     语句 n+1
}
```

switch 语句的执行流程图如图4-22 所示。

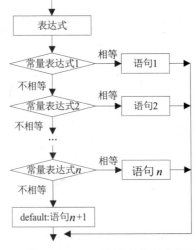

图4-22　switch 语句的执行流程图

说明：

(1) switch 是 C 语言中的关键字，switch 关键字后面的圆括号中的 switch 表达式的值只能是整型或字符型。常量表达式的类型必须与 switch 语句中的 switch 表达式的类型一致。

(2) switch 关键字下方的花括号内是复合语句，这是 switch 语句的语句体。语句体中含有多条以 case 开头的语句和最多一条以 default 开头的语句。case 的后面一定要跟常量(或常量表达式)，起标号作用。case 后面的各个常量表达式的值不能相同，否则会出现错误。

(3) 执行 switch 语句时，先计算 switch 表达式的值，再将结果与各个 case 标号进行比较。如果与某个 case 标号中的常量相同，就转到相应的 case 标号后面的语句并执行。如果没有匹配的 case 常量，就执行 default 后面的语句。

(4) case 的后面可以有多条语句，并且不必使用花括号{}括起来。case 子句和 default 子句的先后顺序可以修改，这不会影响程序的执行结果。

(5) 可以省略 default 子句。此时，如果 switch 语句未找到与 switch 表达式的值相匹配的 case 常量，就跳出 switch 语句。

2. 在 switch 语句的语句体中使用 break 语句

C 语言还提供了 break 语句，里面只有关键字 break，没有参数。

break 语句专用于跳出 switch 语句，可以放在 case 标号之后的任何位置，我们通常在 case 子句的最后添后 break 语句。

若省略 case 语句块中的 break 语句，则从满足条件的 case 子句开始，逐条执行后面的 case 子句，直到 switch 语句结束或遇到一条 break 语句为止。因此，若执行完某个 case 语句块后，想要跳转到 switch 语句的外部，就必须借助 break 语句。

当 default 子句不是最后一条语句时，如果需要在执行完 default 子句后跳出整个 switch 语句，就必须在 default 子句的最后加上 break 语句。

【例 4-19】成绩等级查询。

```c
#include <stdio.h>
void main()
{
    int n;
    printf("\t 成绩等级查询\n\n ");
    printf("请输入成绩: ");
    scanf("%d",&n);
    switch(n/10)
    {
        case 10:
        case 9:   printf("成绩%d 等级为优秀\n",n); break;
        case 8:   printf("成绩%d 等级为良好\n",n); break;
        case 7:
        case 6:   printf("成绩%d 等级为及格\n",n); break;
        default:  printf("成绩%d 等级为不及格\n",n); break;
    }
}
```

程序运行结果如图 4-23 所示。

图 4-23　程序运行结果

【例 4-20】实现计算器功能。用户输入运算数和四则运算符，输出计算结果。

```c
#include<stdio.h>
void main()
{
    float a,b;
    char c;
    printf("input expression: a+(-,*,/)b \n");
    scanf("%f%c%f",&a,&c,&b);
    switch(c){
        case '+': printf("%f\n",a+b);break;
        case '-': printf("%f\n",a-b);break;
        case '*': printf("%f\n",a*b);break;
        case '/': printf("%f\n",a/b);break;
        default: printf("input error\n");
    }
}
```

程序运行结果如图 4-24 所示。

图 4-24　程序运行结果

本例可用于四则运算求值。switch 语句用于判断运算符，然后输出运算值。当输入的运算符不是+、−、*、/时，将给出错误提示。

4.4　循环结构

当程序中有重复的工作要做时，就需要用到循环结构。循环结构是程序中的一种很重要的结构，特点是：在给定条件成立时，反复执行某程序段，直到条件不成立为止。在循环结构中，给定的条件称为循环条件，反复执行的程序段称为循环体。

C 语言提供了三种循环语句：while 语句、do-while 语句和 for 语句。

4.4.1　while 语句

1. while 语句的一般形式

while 循环结构分为当型循环(while 语句)与直到型循环(do-while 语句)两种。前者先进行条件判断，再执行循环体；后者则先执行一次循环体，再进行条件判断。

while 语句的一般形式为：

while(表达式)　语句

其中，表达式是循环条件，语句为循环体。

2. while 循环的执行过程

while 循环的执行过程如下：

(1) 计算 while 关键字后面的圆括号中的表达式的值。当值为真(非零值)时，执行步骤(2)；当值为假(0)时，执行步骤(4)。

(2) 执行循环体一次。

(3) 转而执行步骤(1)。

(4) 退出 while 循环。

while 循环的执行过程如图 4-25 所示。从中可以看出，while 循环的特点是先判断，后执行。

【例 4-21】使用 while 语句计算 1+2+3+…+100。

程序如下，相应的一般流程图和 N-S 图如图 4-26 所示。

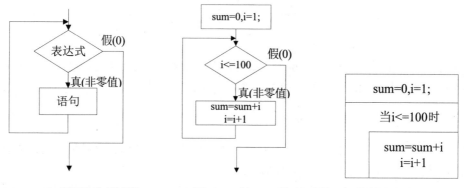

图 4-25　while 循环的执行过程　　　图 4-26　例 4-21 所示程序的一般流程图和 N-S 图

```
#include <stdio.h>
void main()
{
    int i=1,sum=0;      //变量 i 为循环变量，初值为 1；sum 变量的初值为 0
    while(i<=100)       //i<=100 为循环条件，100 为循环终值，当 i>100 时不执行循环体
    {                   //循环体开始
        sum=sum+i;      //执行 1+2+3+…+100 操作
        i++;            //将循环变量 i 递增，每次加 1
    }                   //循环体结束
```

```
        printf("%d\n",sum);   //输出 1+2+3+···+100 的计算结果
}
```

程序运行结果如图 4-27 所示。

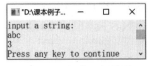

图 4-27　程序运行结果

【例 4-22】统计通过键盘输入的一行字符的个数。

```
#include <stdio.h>
void main()
{
        int n=0;
        printf("input a string:\n");
        while(getchar()!='\n')
        n++;
        printf("%d\n",n);
}
```

程序运行结果如图 4-28 所示。

图 4-28　程序运行结果

以上程序中的循环条件为 getchar()!='\n'，表达的含义是：只要从键盘输入的字符不是回车，就继续循环。循环体中的 n++负责对输入的字符个数进行计数。

3. 使用 while 语句时的注意事项

(1) while 语句中的表达式一般是关系表达式或逻辑表达式，但也可以是其他类型的表达式，只要表达式的值为真(非零值)即可继续循环。

(2) 如果循环体中包含一条以上的语句，那么必须使用{}将它们括起来以组成复合语句。

(3) 由执行过程可知，while 语句中的条件表达式的值决定了循环体是否被执行。因此，进入 while 循环后，一定要有能使条件表达式变为 0 的操作，否则循环将无限制地进行下去，成为无限循环。若条件表达式的值不变，则循环体中应有能够在某种条件下强行终止循环的语句，如 break 语句等。

(4) 当循环体需要无条件循环时，可将条件表达式设为 1(恒为真)。

【例 4-23】在以下程序中，while 语句中的条件表达式为自减类型。当输入 3<回车>后，程序的输出结果是什么？

```
#include <stdio.h>
void main()
```

```
{
    int a=0,n;
    printf("\n input n:        ");
    scanf("%d",&n);
    while(n--)
        printf("%d    ",a++*2);
}
```

程序运行结果如图 4-29 所示。

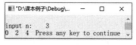

图 4-29　程序运行结果

以上程序将执行 n 次循环，每执行一次，将 n 的值减 1。循环体则负责输出表达式 a++*2 的值，这个表达式等效于"a*2;a++;"。

4.4.2　do-while 语句

1. do-while 语句的一般形式

在程序执行过程中，有时需要先执行循环体内的语句，再对输入的条件进行判断，此种情况为直到型循环。直到型循环可使用 do-while 语句来实现。

do-while 语句的一般形式为：

```
do
    语句
while(表达式);
```

其中，"语句"就是循环体，"表达式"右侧括号后的分号不能省略。

2. do-while 语句的执行过程

do-while 循环与 while 循环的不同之处在于：前者先执行循环体内的语句，再判断表达式是否为真。如果为真，则继续循环；如果为假，则终止循环。因此，do-while 循环至少要执行一次循环体。do-while 语句的执行流程如图 4-30 所示。

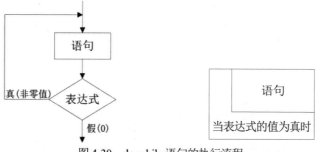

图 4-30　do-while 语句的执行流程

【例4-24】 使用 do-while 语句计算 1+2+3+…+100。

程序如下，相应的一般流程图和 N-S 图如图 4-31 所示。

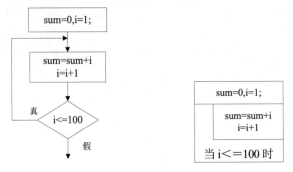

图 4-31　例 4-24 所示程序的一般流程图和 N-S 图

```
#include<stdio.h>
void main()
{
    int sum=0,i=1;
    do
    {
        sum=sum+i;
        i++;
    }while(i<=100);
    printf("sum=%d\n",sum);
}
```

程序运行结果如图 4-32 所示。

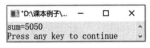

图 4-32　程序运行结果

在例 4-24 中，循环体中包含多条语句，因此需要使用{和}将它们括起来以组成复合语句。

【例4-25】 对使用 while 循环和 do-while 循环计算 1+2+3+…+100 进行比较。

```
#include <stdio.h>
void main()
{   int i=1,sum=0;
    scanf("%d",&i);
    do
    {   sum+=i;
        i++;
    }while(i<=10);
    printf("%d",sum);
}
```

```
#include <stdio.h>
void main()
{   int i=1,sum=0;
    scanf("%d",&i);
    while(i<=10)
    {   sum+=i;
        i++;
    }
    printf("%d",sum);
}
```

对比循环程序可以看出：凡能用 while 循环处理的，也都能用 do-while 循环处理。do-while 循环结构可以转换成 while 循环结构。

一般情况下，使用 while 语句和 do-while 语句处理同一问题时，它们的循环体部分是一样的，结果也一样。但是，如果 while 条件表达式一开始就为假(0)，这两种循环的结果将会不同。

【例 4-26】循环选择菜单。

```
#include<stdio.h>
void main()
{
    int n;
    do{
        printf("\n");
        printf("    ※※※※※※※※※※※※※※  \n");
        printf("    * ═══════════════        * \n");
        printf("    *        学生成绩统计表           * \n");
        printf("    * ═══════════════        * \n");
        printf("    *      1. 输入学生成绩         *\n");
        printf("    *      2. 统计平均成绩         *\n");
        printf("    *      3. 查找学生成绩         *\n");
        printf("    *      4. 修改学生成绩         *\n");
        printf("    *      5. 退出系统             *\n");
        printf("    ※※※※※※※※※※※※※※  \n");
        printf("    请输入选项(1-5)：");
        scanf("%d",&n);
    switch(n)
    {
    case 1: printf("执行输入学生成绩程序\n"); break;
    case 2: printf("执行统计平均成绩程序\n"); break;
    case 3: printf("执行查找学生成绩程序\n"); break;
    case 4: printf("执行修改学生成绩程序\n"); break;
    case 5: printf("退出程序\n"); break;
    default: printf("输入错误！\07\n"); break;
    }
    }while(n!=5);
}
```

程序运行结果如图 4-33 所示。

以上程序在执行时将首先显示选项菜单，提示用户输入选项，然后通过 switch 语句执行相应的功能语句。从 switch 语句退出后，再对条件进行检查，为真则继续循环，为假则退出程序。

从前面的例子可以看出，do-while 循环和 while 循环的不同之处仅在于：在检查条件表达式之前，是否先执行一次循环体。do-while 循环至少要执行一次循环体，而 while 循环在条件不满足的情况下有可能一次也不执行循环体。

图 4-33　程序运行结果

4.4.3 for 语句

1. for 语句的一般形式

在 C 语言中，for 语句的使用最为灵活。for 语句完全可以取代 while 语句，一般形式为：

```
for(表达式 1; 表达式 2; 表达式 3)
    语句
```

其中，表达式 1 用于为循环控制变量赋初值，表达式 2 为循环条件，表达式 3 用于对循环控制变量进行修改。

2. for 语句的执行过程

for 语句的执行过程如图 4-34 所示。

(1) 求解表达式 1。

(2) 求解表达式 2。若值为真(非零值)，则执行 for 语句中指定的内嵌语句，然后执行步骤(3)；若值为假(0)，则结束循环，转到步骤(5)。

(3) 求解表达式 3。

(4) 转回步骤(2)。

(5) 循环结束，执行 for 语句后的下一条语句。

for 语句的最简单应用形式，也是最容易让人理解的形式如下：

```
for(为循环控制变量赋初值; 循环条件; 递增或递减循环控制变量)    语句
```

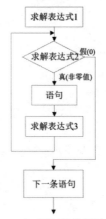

图 4-34   for 语句的执行过程

例如：

```
for(i=1; i<=100; i++)    sum=sum+i;
```

以上语句首先给循环控制变量 i 赋初值 1，接着判断 i 是否小于或等于 100。满足循环条件的话，就执行循环体中的语句，之后将循环控制变量加 1。重新判断循环条件，直到循环条件为假时(i>100)，结束循环。

以上语句相当于：

```
i=1;
while(i<=100)
{
  sum=sum+i;
  i++;
}
```

至于 for 循环中语句的一般形式，也就是如下所示的 while 循环形式：

```
表达式 1;
while(表达式 2)
{
  语句
  表达式 3;
}
```

注意：

(1) for 循环中的"表达式 1"(为循环控制变量赋初值)、"表达式 2"(循环条件)和"表达式 3"(递增或递减循环控制变量)都是可选的，但分号不能省略。

① 省略"表达式 1"(为循环控制变量赋初值)，表示不对循环控制变量赋初值。

② 省略"表达式 2"(循环条件)"，当不做其他处理时，for 循环将成为死循环。

例如：

```
for(i=1;;i++)   sum=sum+i;
```

相当于：

```
i=1;
while(1)
{sum=sum+i;
 i++;}
```

③ 省略"表达式 3"(递增或递减循环控制变量)，表示不对循环控制变量进行操作。此时，可在循环体中加入修改循环控制变量的语句。

例如：

```
for(i=1;i<=100;)
{
    sum=sum+i;
    i++;            //对循环控制变量递增
}
```

④ 省略"表达式 1"(为循环控制变量赋初值)和"表达式 3"(递增或递减循环控制变量)。

例如：

```
for(;i<=100;)
{ sum=sum+i;
    i++;}
```

相当于：

```
while(i<=100)
{ sum=sum+i;
    i++;}
```

⑤ 三个表达式都省略。

例如：

```
for(; ;) 语句;
```

相当于：

```
while(1) 语句;
```

(2) "表达式1"既可以是设置循环控制变量初值的赋值表达式，也可以是其他表达式。

例如：

```
for(sum=0;i<=100;i++) sum=sum+i;
```

(3) "表达式1"和"表达式3"既可以是简单表达式，也可以是逗号表达式。

```
for(sum=0,i=1;i<=100;i++)sum=sum+i;
```

或

```
for(i=0,j=100;i<=100;i++,j--) k=i+j;
```

(4) "表达式2"一般是关系表达式或逻辑表达式，但也可以是数值表达式或字符表达式，只要值非零，就执行循环体。

例如：

```
for(i=0;(c=getchar())!='\n';i+=c);
```

【例4-27】输出斐波那契数列(Fibonacci数列)的前20项。

所谓斐波那契数列，是指数列刚开始两项的值为1，以后的每一项为前两项的和，也就是1、1、2、3、5、8、13、…。以下程序使用变量i1和i2表示斐波那契数列的前两项，使用变量i3表示前两项的和，然后换位即可。

```
#include <stdio.h>
void main( )
{
    int i1=1,i2=1,i3,i;
    printf("\n%d %d",i1,i2);
    for (i=3;i<=20;i++)
    {
```

```
    i3=i1+i2;
    printf("%d\t",i3);
    i1=i2;
    i2=i3;
  }
}
```

程序运行结果如图 4-35 所示。

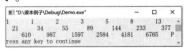

图 4-35　程序运行结果

【例 4-28】求 100 以内的素数。

在所有的非零自然数中，除了 1 和自身之外没有其他因数的数叫作质数。质数又叫素数。例如，2、3、7、11 就是素数。比 1 大但不是素数的数称为合数。1 和 0 既非素数，也非合数。

程序如下：

```
#include<stdio.h>
void main()
{
  int n,i;
  int flag;
  printf("100 以内的素数是：\n ");
  for(n=2;n<=100;n++)
  {
      flag = 1;                   //利用标志判断是不是质数
      for(i=2;i<n;i++)            //约数从 2 开始
      if(n%i==0)
    {
        flag = 0;                 //一旦有约数，就不是质数了
        break;
    }
      if (flag) printf("%d\t",n); //循环打印多次
  }
}
```

程序运行结果如图 4-36 所示。

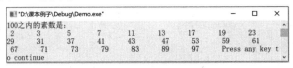

图 4-36　程序运行结果

4.4.4　goto 语句

goto 语句是一种无条件转移语句。goto 语句的一般形式为：

```
goto   语句标号；
```

其中，语句标号是一个有效的标识符，这个标识符将与其后的:一起出现在函数中的某处。执行 goto 语句后，程序将跳转到语句标号处并执行其后的语句。另外，语句标号必须与 goto 语句处于同一个函数中，但可以不在同一循环内部。

goto 语句通常会与 if 条件语句连用，当满足某一条件时，程序将跳转到语句标号处运行。

goto 语句的使用场合不多，主要是因为 goto 语句会使程序结构不清晰，从而导致可读性变差。通常，在多层嵌套中，当需要从内层的循环体中退出时，使用 goto 语句比较合适。

【例 4-29】使用 goto 语句和 if 语句组成循环，计算 1+2+3+…+100。

```
#include <stdio.h>
void main()
{
    int i=1,sum=0;
    loop:if(i<=100)
         {sum=sum+i; i++; goto loop;}
    printf("%d\n",sum);
}
```

4.4.5 循环的跳转和嵌套

1. 循环的跳转

C 语言提供了三种跳转语句：break 语句、continue 语句和 goto 语句。这三种语句的形式比较简单，goto 语句刚才已介绍，下面介绍 break 语句和 continue 语句。

1) break 语句

break 语句主要用在循环体和 switch 语句中。当把 break 语句用于 switch 语句时，可使程序跳出 switch 语句并转而执行后面的语句。

当把 break 语句用于 do-while、while、for 循环时，可使程序终止循环并转而执行循环后面的语句。

【例 4-30】在循环体中使用 break 语句。

```
#include<stdio.h>
void main()
{
    int i=0;
    char c;
    while(1)                  //设置循环
    {
        c='\0';               //为变量赋初值
        while(c!=13&&c!=27)   //从键盘接收字符，直到按回车键或 Esc 键
        {
            c=getchar();
            printf("%c\n", c);
        }
```

```
    if(c= =27)
        break;                  //如果按了 Esc 键，则退出循环
    i++;
    printf("The No. is %d\n", i);
  }
  printf("The end");
}
```

break 语句可用于跳出循环或 switch 语句，但不能用于跳出当前的 if 语句。

2) continue 语句

continue 语句的作用是跳过循环体中剩余的语句，转而强行执行下一次循环。continue 语句只能用在 for、while、do-while 等循环体中，且经常与 if 条件语句一起使用，以加速循环。下面对 break 语句和 continue 语句进行比较。

```
while(表达式 1)
    { …
        if(表达式 2)  break;
    }
while(表达式 1)
    { …
      if(表达式 2)  continue;
       …
      }
```

break 语句和 continue 语句在循环体中引起的控制转移如图 4-37 所示。

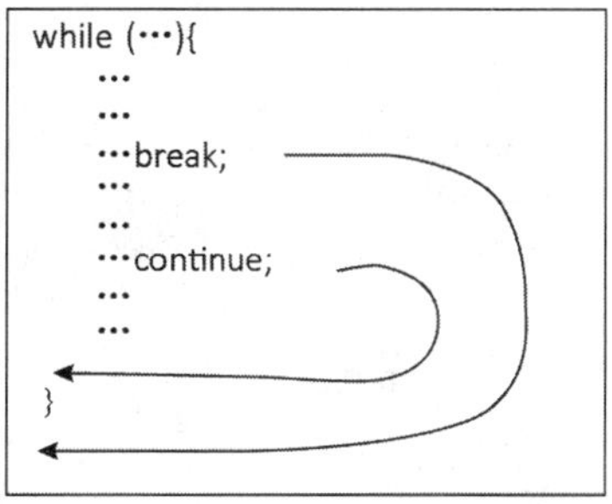

【例 4-31】continue 语句的使用。

```
#include <stdio.h>
void main()
{
  char c;
  while(c!=13)              //如果不是回车，则继续循环
  {
      c=getch();
      if(c==0X1B)
      continue;          //如果按了 Esc 键，不输出就进行下一次循环
      printf("%c\n", c);
  }
}
```

图 4-37　对比 break 语句和 continue 语句在循环体中引起的控制转移

【例 4-32】已知 sum=1+2+3+…+i+…，求 sum 的值大于 20 时 i 的最小值。

我们可以使用表达式 sum<20 来结束循环，也可以将循环是否结束的判断条件放在循环体中，这里需要使用 break 语句。

```
#include <stdio.h>
void main( )
{
 int i=1,sum=0;
 while(i<10) {
     sum+=i;                          // sum=1+2+3+…
     if(sum>20)
        break;                        // 当 sum 的值大于 20 时，退出循环  */
     i++;
   }
   printf("%d\n",i);
}
```

程序运行结果如图 4-38 所示。

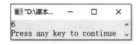

图 4-38　程序运行结果

【例 4-33】将 100 和 200 之间的不能被 3 整除的数输出。

从 100 开始，判断此数是否能被 3 整除。如果能被 3 整除，则继续寻找；如果不能被 3 整除，则输出此数。

```
#include <stdio.h>
void main( )
{
   int n;
   for(n=100;n<=200;n++)
   {
      if(n%3==0)
         continue;                    // 如果 n 能被 3 整除，结束本次循环
      printf("%d   ",n);
   }
}
```

程序运行结果如图 4-39 所示。

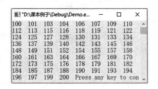

图 4-39　程序运行结果

2. 循环的嵌套

当循环体内又包含另一个完整的循环结构时，称为循环的嵌套。C 语言中的三种循环语句(while 语句、do-while 语句和 for 语句)可以互相嵌套。

【例 4-34】在屏幕上输出九九乘法表。

为了输出九九乘法表，需要使用双重循环。其中：内层循环从 1 到 9，外层循环增 1；外层循环从 1 变化到 9 时，内层循环将执行 9 次。

```c
#include <stdio.h>
void main( )
{
    int i,j;
    for(i=1;i<=9;i++)
        {   for(j=1;j<=9;j++)
                printf("%d*%d=%d\t",i,j,i*j);
            printf("\n");
        }
}
```

程序运行结果如图 4-40 所示。

【例 4-35】给定 n 的值，计算 $1+(1+2)+(1+2+3)+\cdots+(1+2+\cdots+n)$。

这是一个数列求和问题。在前面的例子中，我们得知：在对数列进行求和时，需要认真观察数列

图 4-40　程序运行结果

中每一项的变化规律。在此例中，数列中的每一项是不断变化的，因而对于每一项，必须使用循环来求取，再加上对整个数列进行求和也需要使用循环，因此本例必须使用嵌套的循环。

```c
#include <stdio.h>
void main( )
{
    int n,i,j;
    long s1=0,s2=0;
    printf("Enter integer n:");
    scanf("%d",&n);
    for(i=1;i<=n;i++)
    {
        s2=0;
        for(j=1;j<=i;j++)
            s2=s2+j;
        s1=s1+s2;
    }
    printf("Rseult is:%ld\n",s1);
}
```

程序运行结果如图 4-41 所示。

4.5　综合案例

图 4-41　程序运行结果

假设某个班级只有 5 名学生，课程有 3 门，分别是数学、英语、程序设计。要求编写成绩

管理系统，只要输入学生的每门课的成绩，便可输出各门课的平均成绩。

```c
#include <stdio.h>
void main()
{
int a11,a12,a13; // a11、a12、a13 分别表示学生的数学、英语、程序设计课程的成绩

int i;
int sum,ave;        //三门课的总成绩和平均成绩
for(i=1;i<=3;i++)
{
    sum=0;
    printf("请输入第%d 个学生的成绩: \n",i);
    printf("请输入第%d 个学生的数学成绩: \n",i);
    scanf("%d",&a11);
    printf("请输入第%d 个学生的英语成绩: \n",i);
    scanf("%d",&a12);
    printf("请输入第%d 个学生的程序设计成绩: \n",i);
    scanf("%d",&a13);
    sum=a11+a12+a13;
    ave=sum/3;
    printf("第%d 个学生的成绩为: \n",i);
    printf("numid       Math    English    Prog     ave\n");
    printf("-----------------------------------\n");
        printf("  %d        %d        %d        %d       %d\n",i,a11,a12,a13,ave);
}
}
```

4.6 本章小结

(1) 本章介绍了 5 种控制语句。其中：if 语句和 switch 语句用于实现选择结构；而 while 语句、do-while 语句和 for 语句用于实现循环结构；break 语句和 continue 语句则大大增强了 C 语言实现控制结构和进行循环控制的灵活性。

(2) 任何一种循环结构都可以使用 while 语句或 for 语句来实现，但并非所有的循环结构都能使用 do-while 语句来实现，因为 do-while 语句会使循环体至少执行一次。

(3) 任何一种选择结构都可以使用 if 语句来实现，但并非所有的 if 语句都有等价的 switch 语句。switch 语句只能用来实现以相等关系作为选择条件的选择结构。

4.7 编程经验

(1) 在 for 语句中，表达式 1(为循环控制变量赋初值)、表达式 2(循环条件)和表达式 3(递增或递减循环控制变量)之间需要使用分号而不是逗号进行分隔。

(2) 在书写 if 语句、while 语句、do-while 语句和 for 语句时，即使程序段中只有一条语句，也要将这条语句用{和}括起来，这样不但程序阅读起来逻辑鲜明，而且当需要向程序段中添加语句时，也不用担心因漏掉花括号而造成程序出现错误。

(3) 在使用 if 语句、while 语句、do-while 语句、switch 语句和 for 语句时，必须坚持先插入符号对，再在其中插入内容，这可以有效避免符号不配对的问题。

(4) 在输入 switch 语句时，建议先将所有的 case 子句和 break 语句输入完，再输入各个 case 子句中的内容。

(5) 在嵌套的控制结构中，可在每条控制语句的}的后面增加注释信息，以表明这里的}属于哪个控制结构。

(6) 不要比较浮点型数据的相等性。

(7) 在定义变量时就进行初始化可以提高程序的运行效率。

(8) 当使用 C 语言中的 5 种控制语句时，初学者容易犯的错误如下：

① 在关系表达式中误用=来表示==。关系表达式不能连用，例如，a>b>c 应写成 a>b&&b>c。

② if 语句、while 语句和 for 语句的条件表达式右侧的)的后面多了;。

③ case 子句的最后漏了 break 语句。case 子句后面跟着变量表达式(必须跟常量表达式)。

④ 误用,代替 for 语句中的;。

⑤ do-while 语句的条件表达式右侧的)的后面漏了;。复合语句中漏掉配对的花括号。表达式中的圆括号不配对。

⑥ 循环语句中的循环控制变量无变化，造成死循环。没有初始化循环控制变量就进入循环体。

4.8 本章习题

1. 阅读程序并输出结果。

(1)
```c
#include <stdio.h>
void main()
{
    int i,j,m=1;
    for(i=1;i<3;i++)
      { for(j=3;j>0;j--)
          { if(i*j>3) break;
              m=i*j;
          }
      }
    printf("m=%d\n",m);
}
```

程序运行后输出的结果是(   )。

```
(2)    #include <stdio.h>
       void main()
       {
           int t,h,m;
           scanf("%d",&t);
           h=(t/100)%12;
           if(h==0)
             h=12;
           printf("%d:",h);
           m=t%100;
           if(m<10)
           printf("0");
           printf("%d",m);
           if(t<1200||t==2400)
             printf("AM");
           else
             printf("PM");
       }
```

如果运行时输入 1605<回车>，那么程序的运行结果是(　　)。

```
(3)    #include <stdio.h>
       void main()
       { int a=1,b=2;
         for(;a<8;a++) {b+=a;a+=2;}
         printf("%d,%d\n",a,b);
       }
```

程序运行后输出的结果是(　　)。

```
(4)    #include <stdio.h>
       void main()
       {
           int i,j,k;
           char space=' ';
           for(i=0;i<=5;i++)
           {
               for(j=1;j<i;j++)
                   printf("%c",space);
               for(k=0;k<=5;k++)
                   printf("%c",'*');
               printf("\n");
           }
       }
```

程序运行后输出的结果是(　　)。

```
(5)    #include <stdio.h>
       void main()
```

```
        {
            int n=2,k=0;
            while(k++&&n++>2);
            printf("%d %d\n",k,n);
        }
```

程序运行后输出的结果是(　　)。

```
(6)     #include <stdio.h>
        void main()
            { int k=1,s=0;
              do{
                    if((k%2)!=0) continue;
                    s+=k;k++;
              }while(k>10);
              printf("s=%d\n",s);
            }
```

程序运行后输出的结果是(　　)。

```
(7) #include <stdio.h>
        void main()
        { char a=0,ch;
                while((ch=getchar())!='\n')
                { if(a%2!=0&&(ch>='a'&&ch<='z')) ch=ch-'a'+'A';
                    a++; putchar(ch);
                }
                printf("\n");
        }
```

如果输入 1abcedf2df<回车>，程序运行后输出的结果是(　　)。

```
(8)     #include <stdio.h>
        void main()
        { int c=0, k;
          for(k=1; k<3; k++)
            switch(k)
            { default: c+=k;
              case 2: c++; break;
              case 4: c+=2; break;
            }
            printf("%d\n", c);
        }
```

程序运行后输出的结果是(　　)。

```
(9)     #include <stdio.h>
        void main()
        {
```

```
        int a=10,b=5,c=5,d=5;
        int i=0,j=0,k=0;
        for(;a<b;++b)
            i++;
        while(a>++c)
            j++;
        do
            k++;
        while(a>d++);
        printf("%d,%d,%d\n",i,j,k);
    }
```

程序运行后输出的结果是(　　)。

```
(10)    #include <stdio.h>
        void main()
        {
            int i=0,j=0,k=0,m;
            for(m=0;m<4;m++)
                switch(m)
                {
                    case 0: i=m++;
                    case 1: j=m++;
                    case 2: k=m++;
                    case 3: m++;
                }
            printf("\n%d,%d,%d,%d\n",i,j,k,m);
        }
```

程序运行后输出的结果是(　　)。

2. 程序设计

(1) 从键盘输入 3 个整数，输出其中最大的那个整数。

(2) 输入 4 个整数，将它们按照由小到大的顺序输出。

(3) 从键盘输入 1~7 中的某个数字，输出对应的星期英文的缩写: MON、TUE、WED、THU、FRI、SAT、SUN。

(4) 从键盘输入 3 个互不相等的实数，输出中间大小的那个实数。

(5) 输入一个整数，如果为 0，就输出 zero；否则判断这个整数的奇偶性，为奇数则输出 odd，为偶数则输出 even。

(6) 输入一个不多于 5 位的正整数，执行以下操作:

① 求出是几位数。

② 分别打印出每一位数字。

③ 逆序打印出每一位数字。例如，假设原数为 1234，那么应输出 4321。

(7) 输入两个正整数 m 和 n，求它们的最大公约数和最小公倍数。

(8) 找出 1000 之内的所有完数。所谓完数，是指一个数恰好等于它的各个因子之和。例如，6 的因子为 1、2、3，而 6=1+2+3，因此 6 是一个完数。

(9) 一小球从 100 米高空自由落下，每次落地后，反跳回原高度的一半再落下。求小球第 10 次落地时，共经过多少米？反弹又有多高？

(10) 求出 100 和 300 之间的所有素数。

(11) 从输入的若干正整数中选出最大的那个整数，使用–1 作为输入的结束标志。

(12) 求出 10 和 1000 之间能同时被 2、3、7 整除的数字并输出。

(13) 编程打印乘法表。

(14) 设计密码登录程序，提示用户输入用户名和密码。如果密码有误，则提示重新输入，直到输入正确或连续 3 次输入错误后退出循环为止，然后显示相应的信息。

3. 选择题

(1) 以下关于算法的叙述中，错误的是____。

   (A) 算法可以使用伪代码、流程图等多种形式来描述。

   (B) 正确的算法必须有输入。

   (C) 正确的算法必须有输出。

   (D) 使用流程图描述的算法可以用任何一种程序语言编写成程序代码。

(2) 以下叙述中正确的是____。

   (A) 程序设计的任务就是编写程序代码并上机调试。

   (B) 程序设计的任务就是确定所用数据结构。

   (C) 程序设计的任务就是确定所用算法。

   (D) 以上三种说法都不完整。

(3) if 语句的基本形式是"if(表达式)语句"，关于"表达式"的值，以下叙述中正确的是____。

   (A) 必须是逻辑值　　　　　　　(B) 必须是整数值

   (C) 必须是正数　　　　　　　　(D) 可以是任意合法的数值

(4) 阅读以下程序。

```
{int a=1,b= 2;
 while(a<6){b+=a;a+=2;b%=10;}
 printf("%d,%d\n",a,b);
}
```

 程序运行后的输出结果是____。

   (A) 5,11　　　　(B) 7,1　　　　(C) 7,11　　　　(D) 6,1

(5) 阅读以下程序。

```
{int i=5;
 do
 {if(i%3= =1)
 if(i%5= =2)
    {printf("*%d", i); break;}
 i++;
 }while(i! =0);
 printf("\n");
}
```

程序运行后的输出结果是____。

    (A) *7   (B) *3*5   (C) *5   (D) *2*6

(6) 以下构不成无限循环的语句或语句组是____。

    (A) n=0; do{++n;} while(n<=0);   (B) n=0; while(1){n++;}

    (C) for(n=0,i=1;;i++)n+=i;   (D) while((n);{n--;}

(7) 假设 k 是 int 型变量，以下关于语句 for(k=-1;k<0;k++) printf("****\n");的叙述中，正确的是____。

    (A) 循环体执行一次   (B) 循环体执行两次

    (C) 循环体一次也不执行   (D) 构成无限循环

(8) 阅读以下程序。

```
#include <stdio.h>
main()
{char c, n, A; n='1';A='A';
  for(c=0;c<6;c++){
    if(c%2) putchar(n+c);
    else putchar(A+c); }
}
```

程序运行后的输出结果是____。

    (A) 1B3D5F   (B) ABCDFE   (C) A2C4E6   (D) 123456

(9) 阅读如下嵌套的 if 语句。

```
if(a<b)
  if(a<c)k=a;
  else k=c;
if(b<c)k=b;
else k=c;
```

以下语句中与上述 if 语句等价的是____。

    (A) k=(a<b)? a: b; k=(b<c)? b: c;   (B) k=(a<b)?((b<c)?a:b)((b>c)?b:c);

    (C) k=(a<b)?((a<c)?a:c)((b<c)?b:c);   (D) k=(a<b)? a: b;k=(a<c)? a: c;

(10) 阅读以下程序。

```
void main()
{int x=1, y=0;
if(!x)y++;
else if(x==0)
if(x)y+=2;
else y+=3;
printf("%d\n",y);
}
```

程序运行后的输出结果是____。

    (A) 3   (B) 2   (C) 1   (D) 0

第 5 章

数 组

本章概览

本书前面介绍的整型、实型、字符型等基本数据类型都是独立定义的，它们各自单独占有自己的内存单元，这表现不出它们之间的相关性，另外对它们的访问也是孤立的。如果使用这种方法来定义学生管理系统中的变量结构，假设有 100 名学生，每名学生要上 10 门课，那么我们最少需要定义 1000 个变量，并且对每个变量的访问是孤立的，复杂程度简直难以想象。为此，我们需要一种数据结构来描述这些变量，使它们变得简单、容易操作。C 语言为我们提供了这样一种数据结构——数组。本章介绍一维数组和二维数组的定义、引用、初始化及应用。

知识框架

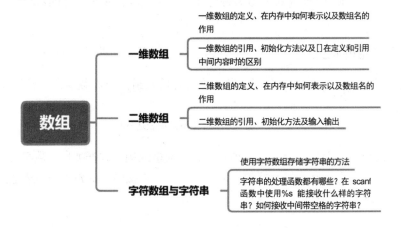

5.1 一维数组

5.1.1 数组的基本概念

1. 数组

数组能用同一个名称代表顺序排列的一组数据。简单变量是无序的,而数组中的数据(成员)是有序的。

2. 数组元素

在同一数组中,构成这一数组的成员称为数组元素,可使用单个名称来统一标识这些数组元素,称为数组名。我们可以使用数组下标来方便地表示数组元素在数组中的位置。数组下标是从 0 开始的,例设一个数组有 N 个元素,那么其中第一个元素的下标为 0,第二个元素的下标为 1,以此类推,第 N 个元素的下标为 $N-1$。

例如,int a[10]表示定义了一个包含 10 个整型元素的数组 a,其中 a[5]表示数组 a 中下标为 5 的那个元素。

与普通变量一样,数组元素也必须先定义后使用。在定义了一个数组后,系统就会在内存中为该数组分配一块连续的内存空间,大小由数组的类型决定。

3. 数组的维数

在下标变量中,下标的个数称为数组的维数。

如果使用一个下标就可以确定数组元素所处的位置,这样的数组称为一维数组,如 a[3]。

如果必须使用两个下标才能确定数组元素所处的位置,这样的数组称为二维数组,如 a[3][4]。以此类推,包含 3 个下标的数组称为 3 维数组,包含 4 个下标的数组称为 4 维数组,等等。

5.1.2 一维数组的定义

当数组中的每个元素只有一个下标时,称这样的数组为一维数组。一维数组的定义形式如下:

类型名 数组名[整型常量表达式];

在上述定义中,类型名是指任意一种基本数据类型或构造数据类型;数组名是指用户自定义的任意名称,但命名规则应符合标识符的命名规定;方括号中的整型常量表达式是指数组元素的个数,也就是数组的长度。

例如:

```
int a[6];
```

这里的 int 是类型名,a[6]是一维数组说明符。下面对上述语句进行解释。
- 上述语句定义了一个名为 a 的一维数组。
- 方括号中的 6 说明这个一维数组由 6 个元素组成,它们分别是 a[0]、a[1]、a[2]、a[3]、

a[4]、a[5]。注意下标是从 0 开始的，因而数组元素 a[6]并不存在。

- int 类型名说明数组 a 中的每一个元素均为整数。
- C 编译程序在编译上述语句时会为数组 a 分配 6 个连续的存储单元，每个存储单元占用 4 字节，如图 5-1 所示。

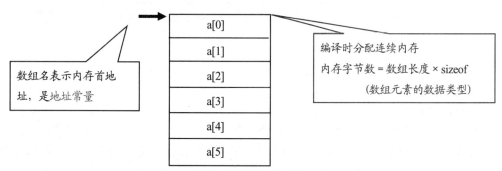

图 5-1　数组 a 在内存中的存储方式

关于数组定义语句的使用，应注意以下几点：

(1) 数组的类型实际上是指数组元素的取值类型。既可以是基本类型，也可以是指针、结构体或共同体。对于同一个数组来说，其中所有元素的数据类型都是相同的。

(2) 数组名不能与其他变量名相同。语句 int a;和 int a[6];是错误的。

(3) 数组名表示数组中第一个元素的地址，也就是数组的首地址，是地址常量。

(4) C 编译程序会为数组在内存中分配连续的存储单元。

(5) 定义数组时，下标不能是变量。例如：

```
int n=100;
char ch[n];        //这种定义方式是错误的，下标不能是变量
```

(6) 如果需要定义多个类型相同的数组，可以使用逗号将它们隔开。例如：

```
float a[3],b[7],c;
```

上述语句定义了实型数组 a(含有 3 个元素)和 b(含有 7 个元素)以及实型变量 c。

(7) C 编译程序在进行编译时，会为数组分配连续的内容空间，大小为数组元素占用的字节数×数组长度。

5.1.3　一维数组的引用和初始化

1. 一维数组的引用

我们对整个数组不能直接引用，而只能引用数组中的各个数组元素。数组元素也是一种变量，标识方法为数组名后加下标。下标表明了数组元素在数组中的位置。引用一维数组时，只能带一个下标。

在一维数组中，元素的引用形式如下：

数组名[下标表达式]

其中，方括号中的下标表达式只能是整型常量或整型常量表达式。

例如：

```
a[0]                          //数组下标表达式为整型常量 0
a[i+j]                        //数组下标表达式为整型常量表达式 i+j
a[i*2]                        //数组下标表达式为整型常量表达式 i*2
```

以上都是合法的数组元素表示方式。

补充说明：

(1) 一个数组元素在实质上就是一个变量名，代表内存中的一个存储单元。数组占用的是一片连续的存储单元。

(2) C 语言规定数组的下标从 0 开始(下界为 0)、到数组长度减 1(上界)结束。C 编译器不会对数组的越界问题进行检查，因此编程人员必须特别注意数组下标的使用，保证数组下标不越界。

(3) 数组在使用之前必须先定义。在 C 语言中，对于数值类型的数组，只能逐个使用下标变量，而不能使用数组名一次性地引用数组。

(4) 在引用数组元素时，必须使用[]，[]又称为下标运算符，是优先级非常高的少数几个运算符之一。

(5) 在定义数组时，下标不能使用变量；但在引用时，下标可以使用变量。

(6) 对于已经定义的数组，数组名表示数组的第一个元素的地址，也就是数组的首地址，是地址常量。

例如，下面的引用都是错误的：

```
int a[6];
printf("%d",a[6]);          //引用的数组元素越界
printf("%d",a);             //不能引用整个数组
```

但是，如下引用是正确的：

```
int a[10];
for(j=0;j<10;j++)
    printf("%d\t",a[j]);        //引用时，下标可以使用变量
```

【例 5-1】数组元素的引用。

```
#include<stdio.h>
void main()
{
    int i, a[10];
    for (i=0;i<=9;i++)
        a[i]=i;
    for (i=9;i>=0;i--)
        printf ("%d",a[i]);
}
```

程序运行结果如图 5-2 所示。

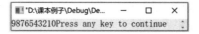

图 5-2　程序运行结果

【例 5-2】输入 5 名同学的成绩，然后计算他们的平均成绩。

如果使用以前的处理方式，那么需要定义 5 个变量来分别存储 5 名学生的成绩，然后计算他们的平均成绩。但是现在，我们可以定义一个包含 5 个元素的数组来存储 5 名学生的成绩，然后求数组元素的平均值即可。

```
#include <stdio.h>
void main( )
{
    float score[6];                 //定义单精度数组 score，它有 6 个元素
    int i;
    for(i=0;i<5;i++)
    {
        printf("Please input the %d score:",i+1);  // 提示输入 5 名学生的成绩
        scanf("%f",&score[i]);
    }
    score[5]=0;                      // 因为要在 score[5]中保存平均成绩，所以先清零
    for(i=0;i<5;i++)
        score[5]+=score[i];          // 求成绩之和
    score[5]/=5;                     // 求平均成绩
    printf("The aver is:%f",score[5]);
}
```

程序运行结果如图 5-3 所示。

图 5-3　程序运行结果

2. 一维数组的初始化

当定义一个数组时，系统将为其在内存中分配一片连续的存储单元，但这些存储单元中并没有明确的值。C 语言允许在定义数组的同时为数组元素赋初值，这称为数组的初始化。数组的初始化是在编译阶段进行的，这样可以减少程序的运行时间。

对一维数组进行初始化的一般形式如下：

数组名[常量表达式] = {值,值,…,值};

花括号{ }中的值即为数组元素的初值，各个值之间用逗号分隔。

一维数组的初始化方法有如下几种。

(1) 在定义数组时就为全部元素赋值。

例如，int a[5]={1,2,3,4,5};等价于 a[0]=1; a[1]=2; a[2]=3; a[3]=4; a[4]=5;。

注意：不可以写成 int a[3]={1,2,3,4,5};。

当所赋初值比所定义数组元素的个数多时，编译时将提示出错。

(2) 只给部分元素赋值。

当花括号{ }中的值的个数少于元素个数时，可以只给前面的部分元素赋值，后面的元素将自动取 0。

例如，int a[5]={6,2,3};等价于 a[0]=6; a[1]=2;a[2]=3; a[3]=0; a[4]=0;。

(3) 如果想使数组中所有元素的值都相同(赋相同的值)，就必须对元素逐个赋值，而不能对数组整体赋值。

例如，int a[10]={1,1,1,1,1,1,1,1,1,1};不能写成 int a[10]=1;。

(4) 在对全部数组元素赋初值时，可以不指定数组长度。

例如，对于 int a[ ]={ 0,1,2,3,4,5,6,7,8,9 };，系统会自动根据花括号中的元素个数将数组长度定义为 10。

若定义的数组长度与提供的初值个数不相同，则数组长度千万不要省略。

【例 5-3】在声明数组时初始化元素，然后将所有数组元素输出。

```c
#include <stdio.h>
void main()
{
    int i,a[]={1,2,3,4,5,6};                //定义数组 a 并进行初始化
    printf("%s%10s\n","number","value");
    for(i=0;i<6;i++)
        printf("%6d%10d\n",i,a[i]);         //输出数组 a 中的各个元素
}
```

程序运行结果如图 5-4 所示。

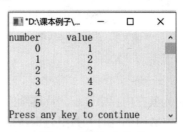

图 5-4 程序运行结果

【例 5-4】统计整型数组 a 中偶数和奇数的个数。

对于本例来说，只要将数组 a 中的元素按顺序取出，然后逐个判断是奇数还是偶数即可。判断的方法是：能被 2 整除的数是偶数，不能被 2 整除的数是奇数。

```
#include <stdio.h>
void main()
{
    int a[10]={-8,43,22,75,66,54,108,99,-19,111};
    int num_odd=0,num_even=0;      //变量 num_odd 用来存放奇数的个数, num_even 用来存放偶数的个数
    int i;
    for(i=0;i<10;i++)
    {
        if(a[i]%2==0) num_even++;
            else num_odd++;
    }
    printf("even number:%d,odd_number:%d\n",num_even,num_odd);
}
```

程序运行结果如图 5-5 所示。

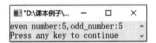

图 5-5　程序运行结果

【例 5-5】使用数组输出斐波那契数列的前 20 项。

```
#include <stdio.h>
void main( )
{
    int i;
    int f[20]={1,1};       //定义整型数组 f, 其中包含 20 个元素, 用来存放斐波那契数列的前 20 项
    for(i=2;i<20;i++)
        f[i]=f[i-1]+f[i-2];               //计算斐波那契数列的每一项
    for(i=0;i<20;i++)
    {
        if(i%5==0) printf("\n");          //每输出 5 项就进行换行
        printf("%12d",f[i]);
    }
}
```

程序运行结果如图 5-6 所示。

图 5-6　程序运行结果

【例 5-6】定义一个数组，通过键盘输入其中的每一个元素，使用冒泡排序法，将这个数组中的元素按从小到大的顺序输出。

冒泡排序法的基本思想如下：设想将要排序的数组是垂直放置的，将每个元素看作一个气泡。根据轻气泡不能在重气泡之下的原则，使轻气泡向上漂浮，直到任何两个气泡都是轻者在上、重者在下为止。

冒泡排序过程如下：

(1) 比较第一个数与第二个数，若为逆序——a[0]>a[1]，则交换二者；然后比较第二个数与第三个数；以此类推，直至第 $n-1$ 个数和第 n 个数比较完为止——第一趟冒泡比较。此时，最大的数将占据最后一个元素位置。

(2) 对前 $n-1$ 个数进行第二趟冒泡比较。排序后，次大的数将占据第 $n-1$ 个元素位置。

(3) 重复上述过程，经过 $n-1$ 趟冒泡比较后，排序结束。

冒泡排序的实现过程如图 5-7 所示。

如果有 n 个数，那么需要进行 $n-1$ 趟比较。在第 1 趟比较中，要进行 $n-1$ 次两两比较；在第 j 趟比较中，要进行 $n-j$ 次两两比较。冒泡排序法的 N-S 图如图 5-8 所示。

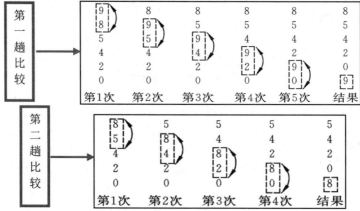

图 5-7　冒泡排序的实现过程

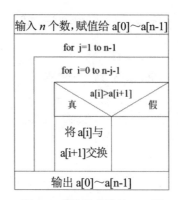

图 5-8　冒泡排序法的 N-S 图

```
#include <stdio.h>
void main()
{
    int a[6],i,j,t;
    printf("Input 6 numbers:\n");
```

```
    for(i=0;i<6;i++)
    scanf("%d",&a[i]);
    printf("\n");
    for(j=1;j<6;j++)              //j用于记录正在比较的趟数，由1变到n-1
    {
      for(i=0;i<6-j;i++)          //i用于记录一趟比较中从上往下两两比较的次数
      if(a[i]>a[i+1])             //如果 a[i+1]比 a[i]小
      {
        t=a[i];                   //将 a[i]与 a[i+1]交换
        a[i]=a[i+1];
        a[i+1]=t;
      }
    }
    printf("The sorted numbers:\n");
    for(i=0;i<6;i++)
      printf("%d ",a[i]);
}
```

程序运行结果如图 5-9 所示。

【例5-7】使用简单选择排序法对6个数进行排序(从大到小)并输出。
排序过程如下：

图 5-9 程序运行结果

(1) 首先通过 $n-1$ 次比较，从 n 个数中找出最大的那个数并与第一
个数交换——第一趟选择比较。此时，最大的数将占据第一个元素位置。

(2) 然后通过 $n-2$ 次比较，从剩余的 $n-1$ 个数中找出次小的数并与第二个数交换——第二
趟选择比较。

(3) 重复上述过程，经过 $n-1$ 趟比较后，排序结束。

简单选择排序法的 N-S 图如图 5-10 所示。

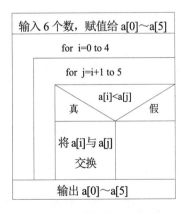

图 5-10 简单选择排序法的 N-S 图

```
#include <stdio.h>
void main()
{
```

```
    int a[6],i,j,t;
    printf("input 6 numbers:\n");
    for(i=0;i<6;i++)
        scanf("%d",&a[i]);
    printf("\n");
    for(i=0;i<5;i++)
    for(j=i+1;j<6;j++)
        if(a[i]<a[j])
        {
            t=a[i];
            a[i]=a[j];
            a[j]=t;
        }
    for(i=0;i<6;i++)
        printf("%-2d",a[i]);
}
```

程序运行结果如图 5-11 所示。

图 5-11　程序运行结果

【例 5-8】假设有一个已经排好序的数组。输入一个数，要求按这个数组原有的元素排列规律将其插入数组中。

程序分析：首先判断此数是否大于最后一个数，然后考虑插入中间数的情况。插入后，将数组中插入位置之后的数依次后移一个位置。

程序如下：

```
#include <stdio.h>
void main()
{
    int a[11]={5,10,16,26,43,55,78,85,92,100};
    int number,end,i,j;
    printf("original array is:\n");
    for(i=0;i<10;i++)                    //逐个输出原来的数组元素
        printf("%5d",a[i]);
    printf("\n");
    printf("insert a new number:");
    scanf("%d",&number);                 //输入想要插入的数
    //查找想要插入的位置，并且插入新的元素
    end=a[9];
    if(number>end)
        a[10]=number;
```

```
else
{
    for(i=0;i<10;i++)
    {
        if(a[i]>number)
            break;
    }
    for(j=9;j>=i;j--)
    {
        a[j+1]=a[j];
    }
    a[i]=number;
}
for(i=0;i<11;i++)
    printf("%5d",a[i]);                    //逐个输出插入后的数组元素
}
```

程序运行结果如图 5-12 所示。

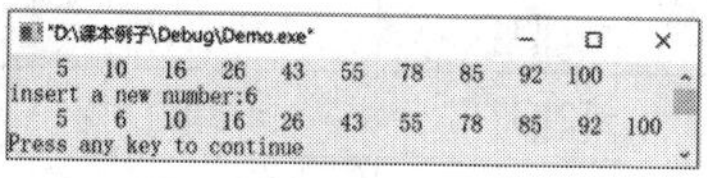

图 5-12 程序运行结果

5.2 二维数组

5.2.1 二维数组的定义

前面介绍了一维数组，一维数组只有一个下标。但在现实生活中，很多量都是二维的或多维的，例如二维形式的表格、数学中的矩阵等。本节只介绍二维数组，从二维数组到多维数组只有量的增加，没有质的变化，因此多维数组可通过二维数组递推而来。

二维数组元素有两个下标，一个是行下标，另一个是列下标。

二维数组的定义形式如下：

类型标识符　数组名[常量表达式 1] [常量表达式 2];

其中，常量表达式 1 表示第一维的长度，可以看成矩阵(或表格)的行数；常量表达式 2 表示第二维的长度，可以看成矩阵(或表格)的列数。二维数组的元素个数为常量表达式 1 和常量表达式 2 的乘积。例如：

int a[5][4];

上述语句定义了一个 5 行 4 列的整型数组，共有 20 个元素，每个元素都是整数，它们的排列是二维的，可看成矩阵，具体的排列形式如下所示：

a[0][0],a[0][1],a[0][2],a[0][3]

a[1][0],a[1][1],a[1][2],a[1][3]

a[2][0],a[2][1],a[2][2],a[2][3]

a[3][0],a[3][1],a[3][2],a[3][3]

a[4][0],a[4][1],a[4][2],a[4][3]

说明：

(1) 二维数组中的每一个元素都有两个下标。

(2) 与一维数组相同，二维数组中的两个常量表达式也必须是整型常量而不能是变量。

(3) 在二维数组中，元素的存放顺序是：按行存放。也就是说，先在内存中依序存放第一行元素，再依序存放第二行元素。

(4) 二维数组可以看成特殊的一维数组：数组元素又由一维数组构成。上面定义的数组a[5][4]就可以看成由元素 a[0]、a[1]、a[2]、a[3]、a[4]组成的一维数组，而其中的每个元素又是包含 4 个元素的一维数组。例如，a[0]是由 a[0][0]、a[0][1]、a[0][2]、a[0][3]组成的一维数组，a[1]是由 a[1][0]、a[1][1]、a[1][2]、a[1][3]组成的一维数组，依此类推，如图 5-13 所示。

a[0][0]	a[0][1]	a[0][2]	a[0][3]	a[0]
a[1][0]	a[1][1]	a[1][2]	a[1][3]	a[1]
a[2][0]	a[2][1]	a[2][2]	a[2][3]	a[2]
a[3][0]	a[3][1]	a[3][2]	a[3][3]	a[3]
a[4][0]	a[4][1]	a[4][2]	a[4][3]	a[4]

图 5-13 二维数组 a[5][4]的存储结构

数组名 a 表示数组中第一个元素 a[0][0]的地址，也就是数组的首地址。a[0]也表示地址，表示第 1 行的首地址，也就是 a[0][0]的地址；a[1]表示第 2 行的首地址，也就是 a[1][0]的地址；a[2]表示第 3 行的首地址，也就是 a[2][0]的地址；等等。由此，我们可以得到下面的关系。

```
a[0]=&a[0][0]      //其中，&是取址运算符，&a[0][0]表示元素 a[0][0]的地址
a[1]=&a[1][0]
a[2]=&a[2][0]
a[3]=&a[3][0]
a[4]=&a[4][0]
```

5.2.2 二维数组的引用和初始化

1. 二维数组的引用

和一维数组一样，我们对整个二维数组不能直接引用，而只能引用数组中的各个元素。二维数组中的元素也称为双下标变量，引用形式如下：

数组名[行下标表达式] [列下标表达式]

其中，[]中的行下标表达式和列下标表达式都必须是整数。

和一维数组一样，二维数组在使用之前也必须先定义。在 C 语言中，我们只能逐个地使用下标变量，而不能一次性引用整个数组。

说明：

(1) 二维数组的行下标从 0 开始(下界为 0)、到数组行数减 1(上界)结束；列下标也从 0 开始(下界为 0)、到数组列数减 1(上界)结束。C 编译器不会对数组的越界问题进行检查，因此编程人员必须特别注意数组的下标问题。

(2) 在引用数组元素时，行下标和列下标必须分别使用下标运算符[]。

例如：

```
int a[2][2];
a[1][0]=3;
a[0][0]=a[1][1]+5;
```

上述代码不能改用以下形式：

```
a[1][2]=9;        // 列数越界
a[00]=3;          // 行下标和列下标都必须使用[]
a[0,0]=3          // 行下标和列下标都必须使用[]
```

2. 二维数组的初始化

二维数组的初始化方法有以下几种。

(1) 按行分段给每个元素赋值，形式如下：

数组名[常量表达式 1][常量表达式 2]={{值,值,…},{值,值,…},…,{值,值,…}};

例如：

int a[4][4]={{1,2,3,4},{5,6,7,8},{9,10,11,12},{13,14,15,16}};

(2) 按数组元素在内存中的排列顺序给每个元素连续赋值。

数组名[常量表达式 1][常量表达式 2]={值,值,…,值};

例如：

int a[4][4]={ 1,2,3,4,5,6,7,8,9,10,11,12,13,14,15,16};

(3) 给部分元素赋值。

当花括号{ }中的值的个数少于元素个数时，可以只给前面的部分元素赋值，后面的元素将自动取 0。

例如：

int a[4][4]={{1}, {2}};

等价于：

int a[4][4]={{1,0,0,0},{2,0,0,0},{0,0,0,0},{0,0,0,0}};

上述语句只对第一行和第二行的第一个元素进行了赋值，其他元素默认为 0。此时，a[0][0]=1、a[1][0]=2，其他元素都为 0。

再如：

```
int a[4][4]={1,2};
```

上述语句只对第一行的第一个和第二个元素进行了赋值，其他元素默认为 0。此时，a[0][0]=1、a[0][1]=2，其他元素都为 0。

(4) 对全部元素赋值，数组行的长度可以省略，数组列的长度不能省略。

例如：

```
int a[][4]={ 1,2,3,4,5,6,7,8,9,10,11,12};
```

对于这种连续赋值方式，系统会根据初值的个数与列数的商数，取整后得到行数。在上面的例子中，12 与 4 的商数为 3，系统据此判断数组 a 有 3 行。

再如：

```
int a[][4]={{1,2,3},{1,2},{1}};
```

对于这种按行分段赋值方式，系统会根据最外层花括号内的花括号有几对来定义行数。在上面的例子中，最外层花括号内的花括号对数为 3，系统据此判断这个数组有 3 行。

【例 5-9】求二维数组 a[3][4]中的最大元素及其行列号。

N-S 图如图 5-14 所示。

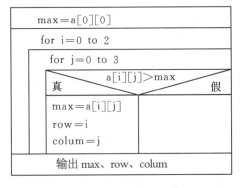

图 5-14　例 5-9 所示程序的 N-S 图

```
#include <stdio.h>
void main()
{   int a[3][4]={{1,2,3,4}, {9,8,7,6}, {-10,10,-5,2}};
    int i,j,row=0,colum=0,max;
    max=a[0][0];
    for(i=0;i<=2;i++)
        for(j=0;j<=3;j++)
            if(a[i][j]>max)
            {   max=a[i][j];
                row=i;
                colum=j;
            }
    printf("max=%d,row=%d, colum=%d\n",max,row,colum);
}
```

124

程序运行结果如图 5-15 所示。

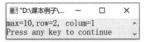

图 5-15　程序运行结果

【例 5-10】定义一个二维数组。从这个二维数组中选出各行的最大元素，使用它们组成一个一维数组，然后将结果输出。

```c
#include<stdio.h>
void main()
{
    int a[3][3];                        //定义一个二维数组
    int b[3],i,j,max;
    printf("Please input the number:\n");
    for(i=0;i<3;i++)
        for(j=0;j<3;j++)
            scanf("%d",&a[i][j]);       //通过键盘逐一输入数组元素
    for(i=0;i<3;i++)
    {
        max=a[i][0];
        for(j=1;j<3;j++)
        if(a[i][j]>max)                 //选出各行的最大元素
          {
            max=a[i][j];
          }
        b[i]=max;                       //使用各行的最大元素组成一个一维数组
    }
    printf("\narray a is:\n");
    for(i=0;i<3;i++)                    //逐一输出二维数组中的元素
    {
        for(j=0;j<3;j++)
            printf("%5d",a[i][j]);
        printf("\n");
    }
    printf("\narray b is:\n");
    for(i=0;i<3;i++)                    //逐一输出二维数组中各行的最大元素
        printf("%5d",b[i]);
    printf("\n");
}
```

程序运行结果如图 5-16 所示。

图 5-16　程序运行结果

上述程序首先从键盘得到二维数组 a 的各行各列元素，然后使用 for 语句嵌套组成双重循环。外循环控制逐行处理，并把每行的第 1 列元素赋予 max。进入内循环后，再将 max 与后面的各列元素做比较，并把比 max 大的元素赋予 max。内循环结束时，max 就是此行最大的元素，把 max 赋给 b[i]。等外循环全部结束时，数组 b 中已装入数组 a 中各行的最大元素。最后的两个 for 语句分别用于输出数组 a 和数组 b。

【例 5-11】将二维数组的行列元素转置后，存储到另一个数组中。

$$\begin{bmatrix} 1 & 2 & 3 \\ 4 & 5 & 6 \end{bmatrix} \longrightarrow \begin{bmatrix} 1 & 4 \\ 2 & 5 \\ 3 & 6 \end{bmatrix}$$

算法如下：

(1) 对数组 a 进行初始化(或赋值)并输出。

(2) 用双重循环进行转置：b[j][i]=a[i][j]。

(3) 输出数组 b。

程序如下：

```c
#include <stdio.h>
void main()
{
    int a[2][3]={{1,2,3},{4,5,6}};
    int b[3][2],i,j;
    printf("array a:\n");
    for(i=0;i<=1;i++)
    {
        for(j=0;j<=2;j++)
        {
            printf("%5d",a[i][j]);          //输出数组 a 中的元素
                b[j][i]=a[i][j];            //将数组 a 转置后，把元素保存到数组 b 中
        }
            printf("\n");
    }
    printf("array b:\n");                   //输出数组中的元素
    for(i=0;i<=2;i++)
```

```
    {
        for(j=0;j<=1;j++)
            printf("%5d",b[i][j]);
        printf("\n");
    }
}
```

程序运行结果如图 5-17 所示。

【例 5-12】某计算机培训小组一共有 6 名学员，并且开设了如下 4 门课程：C、C++、OS、DBase。求各科的平均成绩以及所有课程的总平均成绩、最高成绩和最低成绩。学员成绩表如表 5-1 所示。

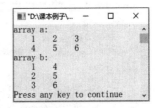

图 5-17　程序运行结果

表 5-1　学员成绩表

课程 姓名	C	C++	OS	DBase
王芳	80	86	78	95
张艳	65	70	62	85
王焕	90	98	86	88
张林	55	65	70	58
赵京	62	63	71	76
王圆	92	93	87	95

程序分析：可创建二维数组 a[4][6] 来存放这 6 名学员的四门课成绩，然后创建一维数组 b[4] 来存放求得的各科平均成绩，变量 ave 用于存放所有课程的总平均成绩，变量 max 和 min 则分别用来存放所有课程的最高成绩和最低成绩。

程序如下：

```
#include "stdio.h"
void main()
{
    int i,j,sum=0, b[4],a[4][6],max,min;    //定义用来存放成绩的二维数组以及用来存放最高成绩和最
                                            //低成绩的 max 和 min 变量
    float ave;                              //定义用来存放平均成绩的 ave 变量
    printf("input score\n");
    for(i=0;i<4;i++)
      for(j=0;j<6;j++)
      {
        scanf("%d",&a[i][j]);               //通过键盘逐一输入各科成绩
      }
    max=a[0][0];
    min=a[0][0];
    for(i=0;i<4;i++)                        //求最高成绩和最低成绩
    {
```

```
    for(j=0;j<6;j++)
    {
        sum=sum+a[i][j];
        if(max<a[i][j])
            max=a[i][j];
        if(min>a[i][j])
            min=a[i][j];
    }
    b[i]=sum/6;                        //求各科平均成绩
    sum=0;
}
ave=(b[0]+b[1]+b[2]+b[3])/4;          //求所有课程的总平均成绩
printf("the score is:\n");
for(i=0;i<4;i++)
{
        printf("%dth course:",i+1);       //输出每门课的个人成绩
        for(j=0;j<6;j++)
            printf("%d ",a[i][j]);
        printf("\n");
}
printf("C: %d\nC++: %d\nOS: %d\nDBase: %d\n",b[0],b[1],b[2],b[3]);
printf("average: %f\n",ave);              //输出所有课程的总平均成绩
printf("max :%d\nmin :%d\n",max,min); //输出最高成绩和最低成绩
}
```

程序运行结果如图5-18所示。

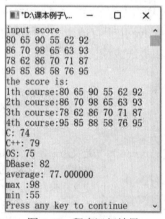

图 5-18　程序运行结果

上述程序使用了一个双重循环。内循环负责依次读入每名学员的各科成绩，并把这些成绩累加起来。在退出内循环后，再把累加成绩除以6，将结果保存到数组 b[i] 中，数组 b[i] 中存放的便是各科的平均成绩，将其中的最大值和最小值存储到 max 和 min 中。外循环共循环4次，从而分别求出四门课的平均成绩并存储到数组 b[i] 中。退出外循环之后，将 b[0]、b[1]、b[2]、b[3]相加并除以4，即可得到所有课程的总平均成绩。程序在最后输出了最高成绩和最低成绩。

5.3　字符数组和字符串

前面介绍了数值数组，这种数组中的每个元素都是数值。本节介绍字符数组和字符串。字符数组中的每个元素都是字符。C 语言没有提供专门的字符串类型，我们一般采用字符数组来存放连续字符。通常使用的字符数组是一维数组，当然，字符数组也可以是多维数组。

5.3.1　字符数组的定义

与前面介绍的数值数组的定义形式相似，字符数组的一般定义形式如下：

```
char    数组名[常量表达式];              //定义一维的字符数组
char    数组名[常量表达式 1] [常量表达式 2];    //定义二维的字符数组
```

数组的长度由常量表达式的值决定。例如：

```
char c[6];
c[0]= 'h';c[1]= 'a';c[2]= 'p';c[3]= 'p';c[4]= 'y';c[5]= '\0'
```

上述语句定义的字符数组名为 c，其中可以存放 6 个字符型的元素。
再如：

```
char d[2][5];
```

上述语句定义的字符数组名为 d，其中可以存放 10 个字符型的元素。
字符数组将占用一片连续的存储空间，字符数组的物理存储方法和数值数组是相同的。例如：

```
char c[12];
c[0]='H';c[1]='o';c[2]='w';c[3]=' ';c4]='a';c[5]='r';c[6]='e';c[7]=' ';c[8]='y'; c[9]='o';c[10]='u';c[11]='\0';
```

上述语句定义了一维的字符数组 c，其中包含 12 个元素，赋值之后的存储状态如图 5-19 所示。

图 5-19　字符数组的存储

5.3.2　字符数组的引用和初始化

1. 字符数组的引用

字符数组的引用和数值数组的引用相比，不同之处在于字符数组既可以逐个引用，也可以通过字符串进行整体引用。
(1) 对字符数组元素的引用。
对字符数组元素的引用和对数值数组元素的引用相同。
引用字符数组元素的一般形式如下：

数组名[下标表达式]

其中，方括号中的下标表达式只能是整型常量或整型常量表达式。

例如：

```
char a[10];
a[0]= 'a';
```

(2) 对字符数组进行整体引用。

例如：

```
char c[]="Windows";
printf("%s",c);            //使用 s 格式符，此时使用的是字符数组名
```

输出结果为 Windows。

2. 字符数组的初始化

字符数组的初始化方法有以下几种。

(1) 利用赋值语句为数组元素逐个赋初值。

例如：

```
char name[15];
    name[0] = 'M';
    name[1] = 'e';
    name[2] = 'n';
    name[3] = 'g';
    name[4] = '\0';
```

(2) 使用字符常量作为初值，对字符数组进行初始化。

例如：

```
char s[11] = {'p', 'r', 'o', 'g', 'r', 'a', 'm', 'm', 'i', 'n', 'g'};
```

(3) 使用字符串常量直接对字符数组进行初始化。

例如：

```
char c[15] = "Beijing";
```

字符串在存储时，系统会自动末尾加上结束标志'\0'(占 1 字节，值为十进制 0)；但字符数组并不要求其中的最后一个元素是'\0'，使用时要加以注意。例如：

```
char c[ ] = {"China"};            // 存储情况见图 5-20(a)
char c[5] = {"China"};            // 存储情况见图 5-20(b)
char c[8] = {"China"};            // 存储情况见图 5-20(c)
```

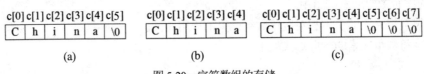

图 5-20 字符数组的存储

(4) 利用库函数，由用户为字符数组输入初值。

例如：

```
char city[15];
scanf("%s", city );
```

说明：

① 字符串以空字符'\0'作为结束标志，在计算字符串的长度时，'\0'不计入字符串的长度。观察如下两种初始化方式：

```
char b1[ ] = { 'C', 'h', 'i', 'n', 'a' };
char b2[ ] = "China";
```

如果指定的字符数组的大小恰好等于字符串常量中显式出现的字符个数，那么字符串结束标志'\0'就不必放入字符数组中。例如：

```
char t[ ] = "abc",  s[3] = "abc";
```

等同于：

```
char t[ ] ={'a', 'b', 'c', '\0'},  s[ ] = {'a', 'b', 'c'};
```

② 对字符数组进行初始化时，初值表中提供的初值个数(一对花括号中的字符个数)不能大于给定数组的长度。初值个数可以小于数组的长度。在这种情况下，只将提供的字符依次赋给字符数组中前面的相应元素，其余元素自动补 0(也就是空字符'\0'的值)。

③ 在对字符串完成初始化之后，对字符数组执行的操作是按单个元素进行的，以下操作是错误的：

```
char s[20];
char s1[]={"Visual C++6.0"};
char s2[]={"This is a test! "};
 s=s2;            //不能用数组名对字符数组进行整体赋值
 if(s1>s2)        //不能用数组名对字符数组进行整体比较
```

④ 当打印输出一个不以'\0'结尾的字符串时，执行结果是无法预知的。例如：

```
char str[5]={ 'a', 'b', 'c', 'd', 'e'};
printf("%s",str);
```

字符数组 str 中没有元素是'\0'，printf 函数将从字符'a'开始打印，直到遇到字符'\0'为止。因此，printf 函数在打印完字符'e'之后，将继续打印存储在'e'字符之后的未知字符，这将引起混乱。

如果希望通过提供的初值个数来确定数组大小，那么可以在定义时省略数组大小。

【例 5-13】字符数组的初始化和引用。

```
#include <stdio.h>
void main()
 {
```

```
int i,j;
char a[][5]={{'B','A','S','T','C',},{'d','B','A','S','E'}};
for(i=0;i<=1;i++)
{
    for(j=0;j<=4;j++)
        printf("%c",a[i][j]);
    printf("\n");
}
```

程序运行结果如图 5-21 所示。

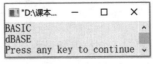

图 5-21　程序运行结果

5.3.3　字符串的定义

字符数组和数值数组在元素的输入输出方面基本类似，所不同的是，字符数组除了可以存放字符之外，还可以存放字符串。C 语言规定字符串必须以'\0'结束。'\0'是一个转义字符，它的 ASCII 码值为 0。

例如，字符串"Windows"将在内存中占用 8 字节的存储空间，如图 5-22 所示。

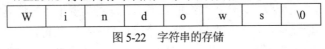

图 5-22　字符串的存储

如果字符数组中的某个元素是'\0'，那么可以认为其中包含一个字符串；如果不包含'\0'，那么可以认为字符数组中保存的是若干字符。当把一个字符串存入一个数组时，也要把结束符'\0'存入这个数组，并以此作为这个字符串是否结束的标志。有了'\0'标志之后，就不必再用字符数组的长度来判断字符串的长度了。

5.3.4　字符串与字符数组的输入输出

在采用字符串方式之后，字符数组的输入输出将变得简单方便。除了使用字符串为字符数组赋初值之外，还可以使用 printf 和 scanf 函数一次性输入输出字符数组中的字符串，而不必使用循环语句逐个地输入输出每个字符。字符数组的输出方法有以下两种：

● 使用"%c"格式符按字符逐个输入输出。
● 使用"%s"格式符按字符串一次性输入输出。

说明：

(1) 按"%s"格式符输出时，遇到'\0'结束输出，且输出字符中不包含'\0'。

(2) 按"%s"格式符输出时，printf()函数输出的是字符数组名而不是元素名。

(3) 按"%s"格式符输出时，即使数组长度大于字符串长度，遇到'\0'也结束。

(4) 按"%s"格式符输出时，如果字符数组中包含一个以上的'\0'，那么在遇第一个'\0'时结束输出。

(5) 按"%s"格式符输入时，遇到回车键结束输出，但得到的字符中不包含回车键本身，而是在字符串的末尾添加'\0'。因此，想要定义的字符数组必须有足够的长度以容纳输入的字符。如果想要输入 5 个字符，那么定义的字符数组至少应包含 6 个元素。

(6) scanf 函数允许输入多个字符串，输入时可以空格作为字符串之间的分隔符。

(7) 在 C 语言中，数组名代表数组的起始地址。因此，scanf()函数中不需要使用取址运算符&。

【例 5-14】字符串的输入输出。

```
#include <stdio.h>
void main()
{
    char st1[6],st2[6];              //定义两个字符数组
    printf("input string:\n");
    scanf("%s%s",st1,st2);          //使用键盘输入两个字符串
    printf("%s %s \n",st1,st2);     //输出数组 st1 和 st2
}
```

程序运行结果如图 5-23 所示。

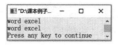

图 5-23　程序运行结果

说明：

(1) 由于数组名表示数组的起始地址，因此在输入字符串时，只需要使用数组名即可，而不要写成以下形式：

```
char s1[10],s2[10];
scanf("%s%s",&s1,&s2);   //这种写法是错误的
```

(2) 在输入两个字符串时，必须使用空格将它们隔开。

(3) 在输入字符串时，字符串的最大长度必须比字符数组的长度小 1。

5.3.5　字符串处理函数

C 语言提供了丰富的字符串处理函数，涉及字符串的输入、输出、合并、修改、比较、转换、复制、搜索等。使用这些函数可大大减轻编程负担。用于输入输出的字符串函数在使用前应包含头文件<stdio.h>，其他字符串函数在使用前应包含头文件<string.h>。

1. 字符串输出函数 puts

格式：puts(字符数组名/字符串)

功能：向计算机屏幕输出字符串(以'\0'结束的字符序列)，并在输出完毕后换行。

说明：字符数组必须以'\0'结束。

【例 5-15】使用 puts 函数输出字符串。

```
#include <stdio.h>
```

```
void main()
{
    char c[]="C++";
    puts(c);
}
```

程序运行结果如图 5-24 所示。

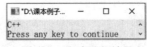

图 5-24　程序运行结果

在这里，puts 函数完全可以使用 printf 函数取代。当需要按一定的格式进行输出时，通常使用 printf 函数。

2. 字符串输入函数 gets

格式：gets(字符数组)。

功能：通过键盘输入一个以回车结束的字符串并放入字符数组中，然后在字符数组中自动添加'\0'，得到一个函数值，这个函数值就是字符数组的起始地址。

说明：输入的字符串的长度应小于字符数组的长度。

【例 5-16】使用 gets 函数输入字符串。

```
#include <stdio.h>
void main()
{
    char st[15];
    printf("input a string:\n");
    gets(st);
    puts(st);
}
```

程序运行结果如图 5-25 所示。

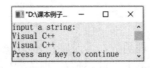

图 5-25　程序运行结果

从运行结果可以看出，当输入的字符串中含有空格时，输出仍为输入的整个字符串。这说明 gets 函数不以空格作为字符串输入的结束标志，而仅以回车作为结束标志。这是 gets 函数与 scanf 函数最大的不同。

3. 字符串连接函数 strcat

格式：strcat(字符数组 1，字符数组 2)。

功能：把字符数组 2 中的字符串连接到字符数组 1 中的字符串的后面，然后删除字符数组 1 中的字符串结束标志'\0'，而保留字符数组 2 中的字符串结束标志'\0'。

说明：

(1) 字符数组 1 必须足够大。

(2) 在进行连接之前，两个字符串均以'\0'结束；连接后，字符数组 1 中的那个字符串的结束标志将被删除。

(3) strcat 函数的返回值是字符数组 1 的首地址。

【例 5-17】连接两个字符串。

```
#include <string.h>
#include <stdio.h>
void main()
{
    char str1[12]="C and ";
    char str2[ ]="C++";
    printf("%s\n",strcat(str1,str2));
}
```

程序运行结果如图 5-26 所示。

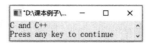

图 5-26　程序运行结果

连接前：

str1:

C		a	n	d		\0					

str2:

C	+	+	\0

连接后：

str1:

C		a	n	d		C	+	+	\0		

需要注意的是，字符数组 str1 必须足够大，否则无法装入想要连接的另一个字符串。

4. 字符串复制函数 strcpy

格式：strcpy(字符数组 1，字符数组 2)。

功能：把字符数组 2 中的字符串覆盖复制到字符数组 1 中。字符串的结束标志'\0 '也将一同被复制。字符数组 2 可以是字符串常量，这时相当于把字符串赋给字符数组。

说明：

(1) 字符数组 1 必须足够大。

(2) 字符串的结束标志 '\0'将一同被复制。

(3) 不能使用赋值语句对字符数组进行赋值。

【例5-18】复制字符串。

```
#include <string.h>
#include <stdio.h>
void main()
{
    char str1[15]="Java",str2[]="C Language";
    strcpy(str1,str2);
    puts(str1);
}
```

程序运行结果如图5-27所示。

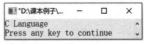

图 5-27　程序运行结果

5. 字符串比较函数 strcmp

格式：strcmp(字符数组1，字符数组2)。

功能：对两个字符串从左向右逐个字符进行比较(比较的是字符的 ASCII 码值)，直到遇到不同的字符或'\0 '为止。

● 字符1等于字符串2，返回值为0。

● 字符串1大于字符串2，返回值为正整数。

● 字符串1小于字符串2，返回值为负整数。

说明：

(1) 比较字符串时，不能使用==，而必须使用 strcmp 函数。

(2) strcmp 函数也可用于比较两个字符串常量，甚至用于比较字符数组和字符串常量。

【例5-19】比较字符串。

```
#include <string.h>
#include <stdio.h>
void main()
{
    int k;
    char str1[15],str2[]="C Language";
    printf("input a string:\n");
    gets(str1);
    k=strcmp(str1,str2);
    if(k==0) printf("str1=str2\n");
    if(k>0) printf("str1>str2\n");
    if(k<0) printf("str1<str2\n");
}
```

程序运行结果如图5-28所示。

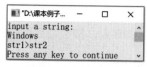

图 5-28　程序运行结果

上述程序将对输入的字符串和字符数组 str2 中的字符串进行比较，并将比较结果保存到变量 k 中，然后根据 k 的值输出相应的提示信息。当输入为 Windows 时，由 ASCII 码值可知 W 大于 C，因此 k>0，输出 st1>st2。当输入为 C++ Language 时，由比较规则可知 k=0，因此输出 st1=st2。

6. 字符串长度测量函数 strlen

格式：strlen(字符数组)。

功能：测量字符串的实际长度(不含字符串结束标志'\0 ')并作为函数返回值。

【例 5-20】测量字符串长度。

```
#include <string.h>
#include <stdio.h>
void main()
{
    int k;
    char st[]="C language";
    k=strlen(st);
    printf("The lenth of the string is %d\n",k);
}
```

程序运行结果如图 5-29 所示。

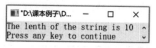

图 5-29　程序运行结果

7. 其他的字符串处理函数

1)　strupr 函数

格式：strupr(字符数组)。

功能：将字符数组中所含字符串的所有字符转换成大写。

库文件：string.h。

2)　strlwr 函数

格式：strlwr(字符数组)。

功能：将字符数组中所含字符串的所有字符转换成小写。

库文件：string.h。

3)　strset 函数

格式：strset(字符数组，字符)。

功能：将字符数组中所含字符串的所有字符换成指定的字符。

库文件：string.h。

【例5-21】选修某课程的学生共 10 人，按成绩高低输出学生名单(使用简单选择排序法)。

```c
#include <stdio.h>
#include <string.h>
#define NUM 10
void main()
{
    int i,j;
    char name[NUM][10],stmp[10];
    float score[NUM],tmp;
    printf("input name and score:\n");
    for(i=0;i<NUM;i++)
        scanf("%s%f",name[i],&score[i]);
    for(i=0;i<NUM-1;i++)
        for(j=i+1;j<NUM;j++)
            if(score[i]<score[j])
            {
                tmp=score[i];
                score[i]=score[j];
                score[j]=tmp;
                strcpy(stmp,name[i]);
                strcpy(name[i],name[j]);
                strcpy(name[j],stmp);
            }
    for(i=0;i<NUM;i++)
        printf("%s\t%.1f\n",name[i],score[i]);
}
```

程序的 N-S 图如图 5-30 所示。

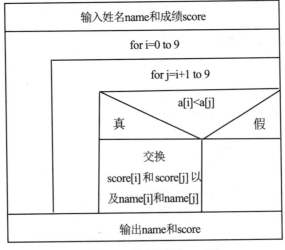

图 5-30　例 5-21 所示程序的 N-S 图

5.4　综合案例

　　假设某班级只有 10 名学生，开设了 3 门课程，分别是数学、英语、程序设计。要求编写成绩管理系统，教师可以输入学生的学号、每门课的成绩以及各科的平均成绩，然后就可以浏览所有学生的成绩并根据学号查询某个学生的各科成绩及平均成绩。

　　分析：根据要求，需要创建两个二维数组来存储数据。一个为字符型数组，用来存储学生的学号信息；另一个为整型数组，用来存储学生的成绩信息。这里只需要使用一个双重循环，就可以通过键盘输入学生的学号和各科成绩，然后进行查询并打印。

　　流程图如图 5-31 所示。

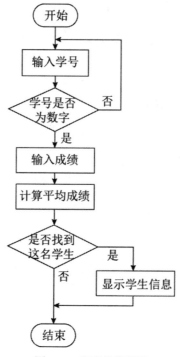

图 5-31　程序的流程图

源代码如下：

```
#include <stdio.h>
#include <string.h>
#define N 10              //定义班级共有 10 名学生
#define M 3               //定义一共开设了 3 门课程
main()
{
    char numid[N][10];    //定义一个二维数组，用来存放学生的学号信息
    char chr[10];         //定义一个一维数组，用来存放想要查询的学生的学号
    int grade[N][M+1];    //定义一个二维数组，用来存放学生的成绩信息
    int i,j,sum,ave;
```

```
sum=0;
for(i=0;i<N;i++)
{
        printf("Please input %dth student numid:",i+1);
        scanf("%s",numid[i]);
        for(j=0;numid[i][j]!='\0';j++)                //学号输入函数
        if(numid[i][j]<'0'||numid[i][j]>'9')          //判断学号是否为数字
            {
                puts("Input error! Only be made up of (0-9).Please reinput!\n");
                i--;
                break;
            }
}
//输入所有学生的各科成绩
for(i=0;i<N;i++)
{
    printf("Please input the grade of the student whos numid is :%s\n",numid[i]);
    for(j=0;j<M;j++)
    {
        printf("Please input the %dth course grade :",j+1);
        scanf("%d",&grade[i][j]);
        sum=sum+grade[i][j];
    }
    ave=sum/M;
    sum=0;
    grade[i][M]=ave;
}
//输出所有学生的各科成绩
printf("numid      Math    English    Prog      ave\n");
printf("-------------------------------------\n");
for(i=0;i<N;i++)
{
    printf("%s ,%d ,%d ,%d ,%d\n",numid[i],grade[i][0],grade[i][1],grade[i][2],grade[i][3]);
}
//查询学生的信息
printf("Please input the munid that you want to find:");
scanf("%s",chr);
for(i=0;i<N;i++)
{
        if(strcmp(numid[i],chr)==0)
        break;
}
if(i<N)
```

```
    {
        printf("numid      Math    English    Prog    ave\n");
        printf("----------------------------------------\n");
        printf("%s, %d ,%d ,%d ,%d\n",numid[i],grade[i][0],grade[i][1],grade[i][2],grade[i][3]);
    }
    else
        printf("\nCan't find the record");
    }
}
```

5.5 本章小结

(1) 数组是程序设计中最常用的数据结构。数组可分为数值数组(包括整型数组和实型数组)、字符数组以及本书后面将要介绍的指针数组、结构数组等。

(2) 数组是存储多个具有相同类型的元素的最佳选择，这是建立在其他数据类型之上的一种数据类型。数组中的元素在内存中是顺序存储的，可通过数组下标来访问。在数组中，第一个元素的数组下标为 0，包含 m 个元素的数组的最后一个元素的数组下标为 m-1。数组名是数组在内存中的起始地址，不能改变。另外，数组名本身不代表全部数组元素。

(3) 传统的 C 语言要求在定义数组时，数组的元素个数必须是常量表达式。

(4) 定义数组时，通过使用符号常量定义数组的大小，可以使程序更加清晰。
例如：

```
#define N 100
int a[N];
```

(5) 数组名是地址常量，不能对数组名进行赋值，下面的表示方法是错误的。

```
int a[10];
a=3;
```

(6) C 编译器不会检查数组是否越界，所以编程人员务必注意对数组进行越界检查。字符数组是用来存储字符串的。字符串是以'\0'结束的字符序列，因此用来存放字符串的字符数组的长度必须比字符串的长度大 1。

(7) C 语言中的字符串都是以空字符结束的，用于代表空字符的常量是'\0'，在 scanf 和 printf 函数中，可以使用%s 格式符来输入输出字符串。

(8) 二维数组在物理上是连续编址的。也就是说，存储单元是按一维线性排列的。C 语言规定了二维数组中的元素是按行存储的。换言之，先在内存中依序存放第一行元素，再依序存放第二行元素，依此类推。

(9) 二维数组的起始地址为数组名。

5.6 编程经验

(1) 首先输入[ ]，然后在[ ]中输入文本。

(2) 在定义数组时，可以为数组赋初值。

(3) 当利用变量或变量表达式作为下标引用数组元素时，最好检查数组下标是否合法，这样就可以有效地避免越界问题。

(4) 符号常量都用大写字母来命名。这种写法能够突出程序中的符号常量，同时提醒程序员变量和符号常量的区别。

(5) 当循环遍历数组中的每个元素时，数组下标不能小于0。

(6) 当使用 scanf 函数输入字符串时，必须保证字符数组的长度大于输入的字符个数。

(7) 一般来讲，算法简单的话，性能就会比较差。

5.7 本章习题

1. 阅读程序并输出结果。

(1)
```c
#include <stdio.h>
void main()
{
    int i,j,m=1;
    for(i=1;i<3;i++)
    {
        for(j=3;j>0;j--)
        {
            if(i*j>3)break;
            m=i*j;
        }
    }
    printf("m=%d\n",m);
}
```

程序运行后输出的结果是(　　　)。

(2)
```c
#include <stdio.h>
void main()
{
    int b [3][3]={0,1,2,0,1,2,0,1,2},i,j,t=1;
    for(i=0;i<3;i++)
        for(j=i;j<=1;j++) t+=b[i][b[j][i]];
    printf("%d\n",t);
}
```

程序运行后输出的结果是( )。

(3)
```c
#include <stdio.h>
void main()
{
    int i,a[]={0,1,2,3,4,5,6,7,8,9};
    int sum=0;
    for(i=0;i<10;i++)
    {
        if(a[i]%2==0)
            sum=sum+a[i];
    }
    printf("the sum is %d",sum);
}
```

程序运行后输出的结果是( )。

(4)
```c
#include <stdio.h>
void main()
{
    int a[5]={1,2,3,4,5},b[5]={0,2,1,3,0},i,s=0;
    for(i=0;i<5;i++)s=s+a[b[i]];
    printf("%d\n", s);
}
```

程序运行后输出的结果是( )。

(5)
```c
#include <stdio.h>
void main()
{
    int i,a[]={0,1,2,3,4,5,6,7,8,9};
    int sum=0;
    for(i=0;i<10;i++)
    {
        if(i%2==0)
            sum=sum+a[i];
    }
    printf("the sum is %d",sum);
}
```

程序运行后输出的结果是( )。

(6)
```c
#include <stdio.h>
void main()
{
```

```
    int s=0, a[]={0,1,2,3,4,5,6,7,8,9,10,11,12,13,14,15,16,17,18,19,20},i;
    for(i=1;;i++)
    {
        if (s>70) break;
        i f (a[i]%2==0)
            s+=i;
    }
    printf("%d",s);
}
```

程序运行后输出的结果是(　　　)。

(7)　　　#include <stdio.h>
```
    void main()
    {
        int a[]={2,3,5,4}, i;
        for(i=0;i<4;i++)
        switch(i%2)
        {
            case 0 : switch(a[i]%2)
            {case 0 : a[i]++;break;
             case 1 : a[i]--;
            }break;
            case 1 : a[i]=0;
        }
        for(i=0;i<4;i++) printf("%d",a[i]);printf("\n");
    }
```

程序运行后输出的结果是(　　　)。

(8)　　　#include <string.h>
```
    #include <stdio.h>
    void main()
    {
        char str1[12]="I love China";
        char str2[ ]="Hello!";
        int m;
        m=strlen(str1);
        printf("the length of str1 is %d",m);
        printf("%s",strcat(str1,str2));
        m=strcmp(str1,str2);
        if(m==0) printf("str1=str2\n");
        if(m>0) printf("str1>str2\n");
        if(m<0) printf("str1<str2\n");
    }
```

程序运行后输出的结果是(　　　)。

(9)　#include <stdio.h>
```
void main()
{
    int aa[4][4]={{1,2,3,4},{5,6,7,8},{3,9,10,2},{4,2,9,6}};
    int i,s=0;
    for(i=0;i<4;i++) s+=aa[i][1];
    printf("%d\n",s);
}
```

程序运行后输出的结果是(　　)。

2. 指出以下程序中存在的错误。

(1)　#include <stdio.h>
```
void main()
{
    int i,a[5];
    for(i=0;i<=5;i++)
    {
        printf("Please input the %dth number:",i+1);
        scanf("%d",&a[i]);
        for(i=0;i<5;i++)
            printf("the %dth munber is %d",i+1,a[i])
    }
}
```

(2)　#include <stdio.h>
```
void main()
{
    int i,j,a[5];
    int temp;
    for(i=1;i<=5;i++)
    {
        printf("\n 请输入第%d 个数: ",i+1);
        scanf("%d",&a[i]);
    }
    printf("\n 排序前数组为\n");
    for(i=1;i<=5;i++)
    printf("%5d ",a[i]);
    for(i=1;i<=5;i++)
    for(j=1;j<5;j++)
    if(a[i]>a[j])
    {
```

```
            temp=a[i];
            a[i]=temp;
            temp=a[j];
        }
        printf("\n 排序后数组为: \n");
        for(i=1;i<=5;i++)
            printf("%5d ",a[i]);
    }
```

3. 编程题。

(1) 定义数组 a、b、c，将数组 a 中的 n 个数的平方值，与数组 b 中的 n 个数的平方值一一对应相加，然后将得到的结果一一存储到数组 c 中。

(2) 编写一个程序，要求按照相反的单词顺序显示字符串。可使用循环语句编写这个程序，原字符串可通过键盘输入得到，反序后输出到屏幕上。

(3) 编写一个程序，要求通过键盘读取用户输入的字符串，然后计算字符串的长度并将长度信息输出到屏幕上。

(4) 在统计过程中，一般最注重的就是概率问题。编写一个程序，首先采集数据，然后将采集的 100 个整型数据保存到一个数组中，计算这些数据大于或等于 100 的概率，最后将程序的运行结果输出到屏幕上。

4. 选择题。

(1) 在以下定义数组的语句中，正确的是____。

    (A) #define N 10

        int x[N];

    (B) int N=10;

        int x[N];

    (C) int x[0...10];

    (D) int x[ ];

(2) 阅读以下程序：

```
#include <stdio. h>
void main()
{
    int a[5]={1,2,3,4,5},b[5]={0,2,1,3,0},i,s=0;
    for(i=0;i<5;i++) s=s+a[b[i]];
    printf("s=%d\n",s);
}
```

程序运行后输出的结果是____。

    (A) 6   (B) 10   (C) 11   (D) 15

(3) 假设存在语句 int x[2][3];，那么以下关于二维数组 x 的叙述中，错误的是____。

 (A) x[0]可看作由 3 个整型元素组成的一维数组。

 (B) x[0]和 x[1]是数组名，分别代表不同的地址常量。

 (C) 数组 x 包含 6 个元素。

 (D) 可以使用语句 x[0]=0;为数组中的所有元素赋初值 0。

(4) 以下语句中存在语法错误的是____。

 (A) char ss[6][20];ss[1]="right?";

 (B) char ss[][20]={"right?"};

 (C) char *ss[6]; ss[1]="right?";

 (D) char *ss[]={"right?"};

(5) 假设存在如下语句：

```
char s1[10]="abcd!",*s2="\n123\\";
printf("%d%d\n", strlen(s1), strlen(s2));
```

那么输出结果是____。

 (A) 55   (B) 105   (C) 107   (D) 58

(6) 阅读以下程序：

```
#include <stdio. h>
void main()
{char s[]="012xy\08s34f4w2";
  int i,n=0;
  for(i=0;s[i]!=0;i++)
     if(s[i]>='0'&&s[i]<='9') n++;
  printf("%d\n", n);
 }
```

程序运行后输出的结果是____。

 (A) 0   (B) 3   (C) 7   (D) 8

(7) 阅读以下程序：

```
#include <stdio. h>
main()
{char ch[3][5]={"AAAA","BBB", "CC"};
  printf("%s\n", ch[1]);
 }
```

程序运行后输出的结果是____。

 (A) AAAA   (B) CC   (C) BBBCC   (D) BBB

(8) 阅读以下程序：

```c
# include <stdio. h>
void main()
{char s[]="012xy\08s34f4w2";
  int i,n=0;
  for(i=0;s[i]!=0;i++)
    if(s[i]>='0'&&s[i]<='9') n++;
  printf("%d\n",n);
}
```

程序运行后输出的结果是____。

    (A) 0   (B) 3   (C) 7   (D) 8

第6章

函　数

本章概览

　　较大的程序一般应分为若干程序模块，每一个程序模块用来实现某个特定的功能，这样的程序模块又称为子程序。在 C 语言中，子程序的作用是由函数完成的。

　　通过学习本章，读者将能够了解函数的概念，掌握函数的定义及组成；熟悉函数的调用方式；了解内部函数和外部函数的作用范围；区分局部变量和全局变量的不同；将函数应用于程序，以及将程序分为模块并进行设计和实现。

知识框架

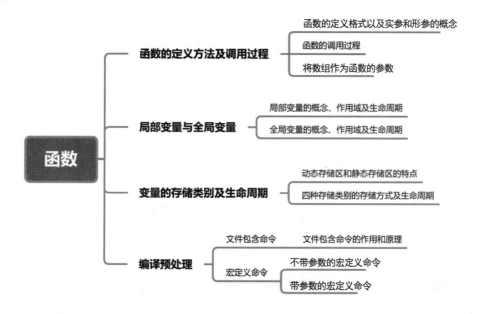

6.1 函数概述

6.1.1 函数的基本概念

C 源程序是由函数组成的。在前面的学习过程中，我们看到的大多数程序都只有一个 main 函数，这是因为那些程序需要处理的问题都很简单，代码规模不大，使用一个 main 函数就可以实现所需的功能。但在实际的应用中，程序往往十分复杂，除 main 函数外，程序中常常还包含若干其他函数。

如果和前面的章节一样，整个程序中只有一个 main 函数，则会存在以下问题：

- 程序越来越长，并且都包含在 main 函数中，难以理解，可读性下降。
- 重复代码开始增多，某段程序可能被执行多次。
- 一段代码无法在其他同类问题中再次使用，因而必须重复原来的设计及编码过程。

为了解决以上问题，C 语言允许将一个大的程序按功能分成一些小的模块。每个小模块负责完成某个特定的、相对独立的功能，这些小的模块就是函数。函数是 C 源程序的基本模块，通过对函数进行调用即可实现特定的功能。

我们可以将函数看成"黑盒子"，只要将数据送进去，就能得到结果；而函数内部究竟是如何工作的，对于外部程序来说是看不见的。外部程序所知道的仅限于函数的接口，也就是函数需要什么样的输入以及输出是什么。

C 语言中的函数相当于其他高级语言中的子程序，用来实现模块的功能。C 语言不仅提供了非常丰富的库函数，而且允许用户建立自定义函数。用户可把自己的算法编成一个个相对独立的函数，然后通过调用的方式来使用函数。可以说，C 程序要执行的全部工作就是由各式各样的函数完成的，正因为如此，C 语言又称为函数式语言。

在 C 语言中，各函数之间的调用关系如下：由 main 函数调用其他函数，其他函数也可以互相调用，但不能调用 main 函数。同一个函数可以被一个或多个函数调用任意多次。例 6-1 展示了函数间的调用关系。

【例 6-1】函数调用的简单例子。

```
#include <stdio.h>
void main()
{
    void printstar();           // 对 printstar 函数进行声明
    void print_message();       // 对 print_message 函数进行声明
    printstar();                // 调用 printstar 函数
    print_message();            // 调用 print_message 函数
    printstar();                // 调用 printstar 函数
}
void printstar()                // 定义 printstar 函数
{
    printf("* * * * * * * * * * * * * * * *\n");
}
```

```
void print_message()          //定义 print_message 函数
{
    printf("   The C programming language.\n");
}
```

程序运行结果如图 6-1 所示。

图 6-1 程序运行结果

上述程序先后输出了两行同样的信息"＊＊＊＊＊＊＊＊＊＊＊＊＊＊＊＊＊"，在这种情况下，我们就可以使用函数实现同一功能，再通过调用函数来减少重复性工作。

说明：

(1) C 程序往往由一个或多个程序模块组成，每一个程序模块都可以作为一个源程序文件。对于较大的程序，通常将程序的内容分别放在若干源程序文件中，再由若干源程序文件组成 C 程序。这便于程序的编写、编译，同时还能提高调试效率。在 C 语言中，函数和程序的关系如图 6-2 所示。

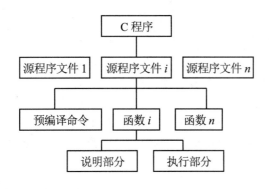

图 6-2 函数和程序的关系

(2) 源程序文件由一个或多个函数以及其他有关内容(如命令行、数据定义等)组成。源程序文件是编译单位，程序在编译时是以源程序文件为单位进行编译的，而不是以函数为单位进行编译的。

(3) C 程序的执行是从 main 函数开始的，可在 main 函数中调用其他函数，调用结束后则返回到 main 函数，最后在 main 函数中结束整个程序的运行。

(4) 所有函数都是平行的。换言之，函数都是分别进行定义的，它们之间是互相独立的。一个函数并不属于另一函数，函数不能嵌套定义。函数之间可以互相调用，但不能调用 main 函数。main 函数只能由系统调用。

6.1.2 函数的分类

从用户使用的角度看，函数可分为库函数和用户自定义函数两种类型。

(1) 库函数也就是标准函数。库函数是由系统提供的，用户不必自行定义这些函数，而是可以直接使用它们。不同的 C 系统提供的库函数的数量和功能会有一些不同，但许多基本的库函数是相同的，比如常用的数学库、标准 I/O 库、字符屏幕控制库以及图形库中的库函数。本书前面反复用到的 printf、scanf、getchar、putchar 等函数就属于库函数。

在 C 程序中，库函数的调用步骤如下：

① 使用 include 命令指出关于库函数的相关定义和说明。include 命令必须以#开头，系统提供的头文件以.h 作为后缀，文件名则用一对尖括号或一对双引号括起来。以#include 开始的代码行不是 C 语句，末尾不加分号。

② 调用库函数，调用形式如下：

函数名(参数表);

(2) 用户自定义函数是由用户根据需要编写的函数。对于用户自定义函数，不仅要在程序中定义函数本身，而且在函数被调用之前还必须进行类型说明，然后才能进行调用。自定义函数是本章讨论的重点。

从函数是否有返回值的角度看，函数又分为有返回值函数和无返回值函数两种类型。

- 有返回值函数。此类函数在被调用并执行后，将向主调函数返回执行结果，称为函数返回值。在定义此类函数时，必须在函数的定义和说明中对函数的类型进行明确声明。
- 无返回值函数。此类函数用于完成指定的任务，执行后不会向调用函数返回执行结果。由于没有返回值，因此用户在定义此类函数时可指定返回结果为 void 类型。

从函数的形式看，函数又可分为无参函数与有参函数两种类型。

- 无参函数。无参函数一般用来执行指定的一组操作。在调用无参函数时，主调函数不向被调用函数传递数据。此类函数通常用来完成一定的功能，比如 getchar 函数。
- 有参函数。主调函数在调用被调函数时，将通过参数向被调函数传递数据。此类函数的定义和说明中都有参数，这些参数被称为形式参数(简称形参)。在调用函数时，必须给出相应的参数，这些参数被称为实际参数(简称实参)，主调函数将把实参的值传送给形参。

【例 6-2】函数调用的简单例子。

```c
#include <stdio.h>
int max(int x,int y)          //定义一个求最大值的函数，包括两个形参——x 和 y
{
    int z;
    z = x > y ? x : y;
    return(z);
}
void main()                  //主函数 main
{
    int a = 5, b = 6, c;
    /*调用 max 函数，将实参 a 的值 5 传给形参 x，将实参 b 的值 6 传给形参 y*/
    c = max(a, b);
    printf("最大值=%d\n", c);
}
```

程序运行结果如图 6-3 所示。

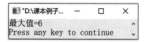

图 6-3　程序运行结果

C 语言提供的库函数数量巨大，我们应该首先掌握一些最基本、最常用的库函数，然后再逐步深入。本书只介绍很少的一部分库函数，有兴趣的读者可根据需要查阅 C 语言在这方面的相关手册。

6.2　函数的定义和调用

在 C 语言中，所有函数的定义，包括主函数 main 在内，都是平行的。函数可以嵌套使用，但不可以嵌套定义。函数之间允许相互调用，也允许嵌套调用。我们一般将调用方称为主调函数，将被调用方称为被调函数。函数还可以调用自身，称为递归调用。

6.2.1　函数的定义

在 C 语言中，所有的函数与变量一样，在使用之前也必须先定义。C 语言提供的库函数是由编译系统事先定义好的，程序设计者不必自行定义，只需要使用#include 命令把有关的头文件包含到文件模块中即可。例如，程序中如果用到数学函数(如 sqrt、fabs、sin、cos 函数等)，那么在文件模块的开头写上#include <math.h>即可。

函数的定义形式如下：

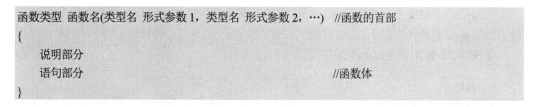

函数的定义通常由两部分组成：函数的首部和函数体。函数的首部包括函数类型、函数名、参数列表，函数体包括说明部分和语句部分。

说明：

(1) 函数类型是指函数返回值的数据类型，既可以是之前介绍的整型(int)、长整型(long)、字符型(char)、单精度浮点型(float)、双精度浮点型(double)以及空类型(void)，也可以是指针型(后续章节将介绍)。空类型表示函数没有返回值。如果没有指明函数类型，那么默认为整型。

(2) 函数名和形式参数则是有效的标识符。在同一程序中，函数名必须唯一。形式参数的名称只需要在同一函数中唯一即可。

(3) C 语言规定不能在函数内部定义其他函数。

(4) 参数列表指的是主调函数的参数格式，每个参数都需要指明类型。如果函数不需要参数，那么函数列表可以省略，但括号不能省略。

例如：

```
int max(int a, int b)
{
    int z;
    z = a > b ? a : b;
    return(z);
}
```

在以上示例中，函数 max 有两个整型参数 a 和 b，函数类型为整型。参数 a 和 b 的具体值是由主调函数在进行函数调用时传递过来的。花括号{}之内的语句称为函数体，其中包含了一条 return 语句，当 a>b 时返回 a，否则返回 b。

再如：

```
void Hello( )
{
    printf("Welcome C!\n");
}
```

在以上示例中，函数名为 Hello。函数类型为空类型，这表示 Hello 函数没有返回值。另外，Hello 函数也没有形参。

下面再举一个例子：

```
void dummy( )
{ }
```

上面的例子定义了一个空函数。当主调函数调用空函数时，仅仅表明这里需要调用一个函数，但空函数本身什么也不做，仅仅起占位作用，等以后扩充功能时补上相应的内容即可。

【例 6-3】使用自定义函数求三个数中的最大数。

```
#include<stdio.h>
void maxnum(int x, int y, int z)          //定义一个求三个数中最大数的函数
{
  int max;
  max = x > y ? x : y;
  max = max > z ? max : z;
  printf("The max value of the 3 data is %d\n", max);
}
void main()
{
  int i, j, k;
  printf("i, j, k=?\n");
  scanf("%d%d%d", &i, &j, &k);            //通过键盘输入三个数并分别赋给 i、j、k
  maxnum(i, j, k);                        //调用自定义函数
}
```

程序运行结果如图 6-4 所示。

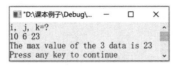

图 6-4　程序运行结果

下面从函数定义、函数说明及函数调用的角度分析上述程序。上述程序的第 2～8 行展示了 maxnum 函数的定义过程，第 9～15 行展示了主函数的定义过程。在第 14 行，主函数调用了自定义函数 maxnum，i、j、k 的值将被分别传递给 maxnum 函数的 x、y、z 参数，最后返回调用结果。

6.2.2　函数的参数和返回值

1. 函数的形参和实参

回顾一下：在函数的定义中，函数名后面的圆括号中的参数为"形式参数"(简称形参)；主调函数在调用被调函数时，函数名后面的圆括号中的参数(可以是表达式)为"实际参数"(简称"实参")；return 语句后面的圆括号中的值将作为函数的执行结果返回(称为函数返回值)。

在 C 语言中进行函数调用时，参数的传递方式如下：将主调函数中的参数(实参)传递给自定义函数中的参数(形参)，这传递的是值，一般称为"值传递"。值传递是一种单向传递，这种传递方式是将实参的值传递给形参，形参在获取实参的值之后，形参的变化不会影响到实参。也就是说，形参不会再将值传回实参。形参出现在函数的定义中，在整个函数体内都可以使用，但离开函数后就不能再使用了。

说明：

(1) 系统在对程序进行编译时不会为形参分配存储单元。在程序运行过程中，只有当发生函数调用时，才会动态地为形参分配存储单元，并接收实参传递过来的值；函数调用结束后，形参占用的存储单元将被释放。

(2) 实参可以是常量、变量、表达式、函数等，但无论实参是何种类型，在进行函数调用时，它们都必须具有确定的值，并将这些值传给形参。

(3) 实参和形参在数量、类型、顺序方面必须严格保持一致，不允许出现不匹配现象。

(4) 在函数的调用过程中，从实参向形参的数据传送是单向的，我们只能将实参的值传给形参，而不能把形参的值反向地传给实参。因此，在函数的调用过程中，形参的变化不会影响到实参。

【例 6-4】函数的定义和调用。

```c
#include <stdio.h>
#include <string.h>
#define space ' '
#define width 5
show(char c, int n)
{
    int num;
```

```
    for(num = 1; num <= n; num++)
    {
        putchar(c);
    }
}
void main( )
{
    int m=5;
    char s='*';
    show(space, 5);         // 以常量为参数
    show(s, 1);             // 以变量为参数
    printf("\n");
    show(space, 4);         // 以变量为参数
    show(s,width - 2);      // 以表达式为参数
    printf("\n");
    show(space, 3);         // 以变量为参数
    show(s, m);             // 以变量为参数
    printf("\n");
    show(space, 2);         // 以变量为参数
    show(s, m + 2);         // 以表达式为参数
    printf("\n");
    show(space, 1);         // 以常量为参数
    show(s, width + 4);     // 以表达式为参数
    printf("\n");
}
```

程序运行结果如图 6-5 所示。

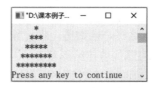

图 6-5　程序运行结果

【例 6-5】在函数的调用过程中进行值传递时，形参的变化不会影响实参。

```
#include <stdio.h>
swap(int a, int b)
{
    int temp;
    temp=a;
    a=b;
    b=temp;
}
void main()
```

```
{
    int x=7, y=11;
    printf("x=%d,\ty=%d\n", x, y);
    swap(x, y);
    printf("swapped:\n");
    printf("x=%d,\ty=%d\n", x, y);
}
```

程序运行结果如图 6-6 所示。

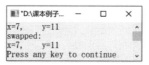

图 6-6　程序运行结果

在上述程序中，变量值的变化如图 6-7 所示。

通过图 6-7，我们可以清楚地看到形参和实参之间的调用关系。当调用函数时，将实参 x、y 的值分别传给形参 a、b，形参经过交换后，实参 x、y 的值没有受到任何影响。

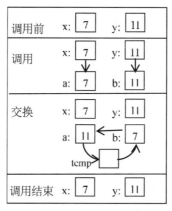

图 6-7　函数调用过程中变量值的变化情况

2. 函数的类型和返回值

函数的返回值是指函数在被调用之后，因为执行函数体中的程序段而得到的并返回给主调函数的值，又称为函数返回值。在定义函数时，必须先定义函数的类型。函数的类型决定了函数返回值的类型。

说明：

(1) 函数返回值的类型和函数的类型应该保持一致。如果两者不一致，就以函数定义中的函数类型为准，函数的返回值将自动进行类型转换。

(2) 函数的返回值一般是通过 return 语句返回给主调函数的。return 语句的功能是计算表达式的值，并返回给主调函数。C 语言允许一个函数有多条 return 语句，但每次调用函数时只能有一条 return 语句被执行。因此，一个函数只能返回一个值。

return 语句的使用形式有三种：

```
return 表达式;
return(表达式);
return;
```

return 语句的功能如下：一是返回函数的调用结果；二是终止函数的运行，返回主函数。如果不需要返回调用结果，那么可以使用上述第三种形式。

(3) 如果函数在定义时没有指定函数类型，那么系统默认函数的类型为整型。

(4) 如果函数在定义时函数类型被指定为 void，那么函数在调用后什么也不会返回。

【例6-6】函数返回值举例。

```c
#include <stdio.h>
int abs(int x)
{
    x = x >= 0? x : -x;
    return x;
}
void main()
{
    int a, c;
    scanf("%d", &a);
    c=abs(a);
    printf("Absolute value is %d\n", c);
}
```

程序运行结果如图 6-8 所示。

上述程序定义了一个求绝对值的函数 abs。函数 abs 是 int 型函数，它的返回值将通过 return 语句被返回给主调函数 main，最后通过 main 函数输出调用结果。

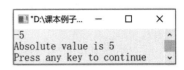

图 6-8　程序运行结果

6.2.3　函数的声明

在 C 语言中，函数必须"先定义，后使用"。在调用时，如果函数定义位于函数调用之前，那么可以直接调用，不需要进行声明；如果函数定义位于函数调用之后，那么必须先进行声明，否则无法进行正确的调用。

根据被调函数的声明，系统就可以确定被调函数的类型以及形参的类型和个数。如果主调函数中的实参和被调函数声明的形参不一致，编译系统则会给出错误提示。

函数的声明分为库函数的声明和自定义函数的声明两种。

1. 库函数的声明

如果被调函数为 C 语言提供的库函数，那么可以在程序的开头部分使用#include 命令包含相应的头文件，printf、sqrt 等函数就属于这种情况。当需要使用它们时，就应该在程序的开头部分添加以下语句：

```
#include <stdio.h>
#include <math.h>
```

2. 自定义函数的声明

对于自定义函数来说，如果与主调函数在同一个程序文件中，可在调用前使用如下方式进行声明：

```
函数类型 函数名(数据类型 形式参数 1, 数据类型 形式参数 2,…);
```

或

```
函数类型 函数名(数据类型 1, 数据类型 2,…);
```

上述第二种方式省略了形式参数，在函数的声明中，我们只是想告诉系统被调函数的类型和名称以及形式参数的个数和类型，这不是对函数的定义，函数的声明也称函数的原型。

函数的定义和函数的声明的关系如下：

(1) 函数的定义是函数的完整表达形式，其中包括函数类型、函数名称、形参类型、形参名称、形参个数以及函数体的定义。函数的声明则用于告知系统被调函数的类型及名称，形参的名称在声明时可以省略。

(2) 函数的声明在有些情况下可以省略，但函数的定义是不可以省略的，函数的定义相比函数的声明对函数所做的描述更加完整。

(3) 函数的声明在结束时必须加分号。对于函数的定义来说，可将去掉函数体之后的部分作为函数的声明。

【例 6-7】函数声明举例。

```
#include <stdio.h>
void main()
{
    float add(float, float);      // 对 add 函数进行声明
    float a, b, c;
    scanf("%f,%f", &a, &b);
    c=add(a, b);                  // 对 add 函数进行调用
    printf("sum is %f\n", c);
}
float add(float x, float y)       // 对 add 函数进行定义
{
    float z;
    z = x + y;
    return(z);
}
```

程序运行结果如图 6-9 所示。

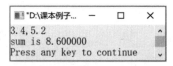

图 6-9　程序运行结果

在上面的例 6-7 中，add 函数为被调函数，main 函数为主调函数。由于被调函数的定义位于主调函数之后，因此必须对被调函数进行声明。在进行函数的声明时，可将声明放在主调函数中，也可放在主调函数之前。当自定义函数较多时，通常将被调函数的声明放在主调函数之前。如果将 add 函数定义在 main 函数之前，那么函数的声明可以省略。

6.2.4　函数的调用

函数在定义和声明之后就可以使用了，函数体的执行是通过在程序中对函数进行调用来实现的，过程与其他语言中的子程序调用相似。

1. 函数调用的一般形式

函数调用的一般形式如下：

函数名(实际参数表);

说明：

(1) 实参与形参的个数必须相等，并且类型必须一致，它们将按顺序一一对应。

(2) 实参的求值顺序因编译系统而定。

(3) 当实参不止一个时，实参之间用逗号分隔。

(4) 对无参函数进行调用时，函数名后面的一对圆括号不可省略。实际参数表中的参数可以是常数、变量或其他构造类型的数据及表达式。

2. 函数调用的过程

在对函数进行调用时，将首先求各个实参的具体值，然后将实参的值对应传递给系统为形参分配的存储单元，程序的执行流程转至被调函数。当被调函数执行到 return 语句或函数体的结束标志}时，就返回到主调函数，继续执行主调函数后面的语句，如图 6-10 所示。

图 6-10　主调函数与被调函数的关系

3. 函数调用的方式

函数调用的方式有如下几种。

(1) 函数语句。C 语言中的函数可以仅执行某些操作，而不返回函数值，这时函数的调用可作为一条独立的语句。例如：

```
printf("Hello, World!\n");
max(a, b);
```

(2) 函数表达式。当想要调用的函数用于求某个值时，函数的调用可作为表达式出现在允许表达式出现的任何地方。例如：

```
m=max(a, b);
```

这种方式用于从被调函数中获取函数返回值，并将函数的返回值赋给变量 m。使用这种方式调用函数时，通常要求函数和变量具有相同的数据类型，也可将函数返回值强制转换为与变量相同的数据类型。

(3) 函数参数。这种调用方式要求函数有返回值，这样的函数可作为另一个函数调用的实际参数出现。此时，函数的返回值将作为实参进行传递。

【例 6-8】函数调用方式举例。

```
#include<stdio.h>
int maxnum(int x, int y)
{
    int max;
    max = x > y ? x : y;
    return max;
}
void main( )
{
    int i, j, k, m,
    printf("请输入要比较的数字: ");            //调用方式: 函数语句
    printf("i, j, k=?\n");
    scanf("%d%d%d", &i, &j, &k);
    m = maxnum(i, j);                       //调用方式: 函数表达式
    printf("前两个数中的最大值为: %d\n", m);
    printf("三个数中的最大值为: %d\n", maxnum(m,k));   //调用方式: 函数参数
}
```

程序运行结果如图 6-11 所示。

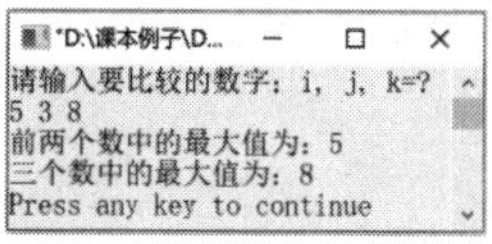

图 6-11　程序运行结果

【例6-9】函数实参的求值顺序举例。

```
#include<stdio.h>
void main()
{
    int i = 10;
    printf("%d\n%d\n%d\n", i--, ++i, i);
}
```

程序运行结果如图6-12所示。

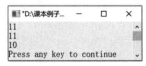

图6-12　程序运行结果

需要特别注意的是：printf函数采用从右向左的顺序对实参进行求值。i的值为10，++i的值为11，i--的值为11，但输出顺序必须和实参表中的实参顺序相同，所以运行结果为11、11、10。

6.2.5　将数组作为函数参数

在函数的参数中，也可以使用数组进行数据的传递。使用数组作为函数参数时一般有两种形式：一是将数组元素的下标变量作为实参使用；二是把数组名作为函数的形参和实参使用。函数参数的形式不同，传递的内容及特点也将不同，参见表6-1。

表6-1　函数参数的形式以及传递的内容及特点

实参形式	传递的内容	形参形式	特点
常量	对实参的值进行单向传递	同类型变量	调用时动态分配并释放存储单元
变量			
下标变量			
表达式			
函数调用			
数组名	对数组元素进行单向传递	同类型数组	与实参数组共用存储单元

1. 将数组元素作为函数实参

通过前面对数组的学习,我们已经了解了数组元素和普通的变量在用法上并没有什么区别。因此,将数组元素作为函数实参使用与将普通变量作为实参使用是完全相同的。在调用函数时,就可以把作为实参的数组元素的值传递给形参,实现单向的值传递。

【例6-10】求5个数中的最小值。

```
#include <stdio.h>
int min(int x, int y)
```

```
{
    return (x < y ? x : y);
}
void main( )
{
    int a[5], i, m ;
    for (i = 0; i < 5; i++)
        scanf("%d", &a[i]);
    m=a[0];
    for (i = 1; i < 5; i++)
        m = min(m, a[i]);              //将数组元素作为函数参数
    printf("The min number is:%d\n", m);
}
```

程序运行结果如图 6-13 所示。

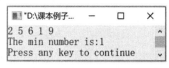

图 6-13　程序运行结果

在例 6-10 中，min 函数的形式参数为整型变量。在主调函数 main 中，实际参数为数组元素。上述程序首先定义了一个求最小值的 min 函数，其功能为向主调函数返回最小值。在主调函数中，我们定义了一个数组，可通过键盘输入数组的各个元素，再通过类似于打擂台的方式求最小值，最后将最小值输出。

2. 将数组名作为函数实参

当使用数组元素作为函数实参时，只要数组的类型与函数的形参变量的类型一致，数组元素变量的类型也就必然与函数的形参变量的类型一致。因此，我们不用要求函数的形参也是数组元素变量。此时，对数组元素的处理是按普通变量进行的。

当使用数组名作为函数参数时，则要求形参与对应的实参必须是相同类型的数组，而且必须有明确的数组说明。当形参和实参不一致时，编译系统会发出错误提示。

【例 6-11】将 10 个数由小到大排序。

```
#include <stdio.h>
void sort(int b[ ], int n);          // sort 函数的声明
void printar (int b[ ]);             // printar 函数的声明
void main( )
{
    int a[10] = {10, 20, 60, 90, 50, 80, 40, 30, 70, 100};
    printf("Before sort:\n");
    printar(a);
    sort(a, 10);                     // sort 函数的调用，将数组名作为函数实参
```

```
        printf("After sort:\n");
        printar(a);                    // printar 函数的调用，将数组名作为函数实参
}
void printar(int b[10])                // printar 函数的定义，将数组名作为函数参数
{
        int i;
        for (i = 0; i < 10; i++)
            printf("%5d", b[i]);
        printf("\n");
}
void sort(int b[ ], int n)             // sort 函数的定义，将数组名作为函数参数
{
        int i, j, t;
        for (i = 1; i < n; i++)
            for (j = 0; j < n-i; j++ )
                if (b[j] > b[j + 1])
                {
                    t = b[j];
                    b[j] = b[j + 1];
                    b[j + 1] = t;
                }
}
```

程序运行结果如图 6-14 所示。

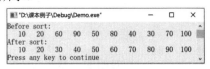

图 6-14　程序运行结果

上述程序定义了两个函数：一个是 printar 函数，这是一个无返回值的函数，形参为 b，形参 b 实际上是一个可以存放地址的变量，功能是打印数组中的所有元素；另一个是 sort 函数，这也是一个无返回值的函数，形参为 b 和 n，功能是对数组中的元素从大到小进行排序。

当调用这两个函数时，实参 a 的值将被传递给形参 b，实际上是将数组 a 的首地址传给数组 b，这是一种地址传递。其实就相当于数组 a 和 b 共用同一地址，数组 a 和 b 中的值是一样的。排序后，数组 a 和 b 中的值如图 6-15 所示。

a[0]	a[1]	a[2]	a[3]	a[4]	a[5]	a[6]	a[7]	a[8]	a[9]
b[0]	b[1]	b[2]	b[3]	b[4]	b[5]	b[6]	b[7]	b[8]	b[9]
10	20	30	40	50	60	70	80	90	100

图 6-15　数组 a 和数组 b 中的值

说明：

(1) 数组名表示数组在内存中的起始地址。例如：假设数组 a 在内存中从地址 2000 开始存放，那么 a 的值为 2000。这里的 2000 是地址值，是指针类型的数据(第 7 章将介绍指针类型)，而不能看成整型或其他类型。

(2) 实参是数组名，因而形参也应定义为数组形式，形参数组的长度可以省略，但[ ]不能省略，否则就不是数组形式了。

(3) 形参数组和实参数组的类型必须一致，否则将引发错误。

(4) 形参数组和实参数组的长度可以不同，因为在调用时，只传送首地址而不检查形参数组的长度。当形参数组的长度与实参数组不一致时，虽然不至于出现语法错误(能编译通过)，但程序的执行结果将与实际不符。

(5) 由于共用存储单元，在被调函数中对形参数组中的元素进行赋值时，必将影响到实参数组。即便函数调用结束后，这种影响也依旧存在。

6.2.6　函数的嵌套调用和递归调用

1. 函数的嵌套调用

C 语言规定函数不能嵌套定义。也就是说，在定义一个函数时，不能在函数体内包含另一个函数的定义。但是，函数可以嵌套调用。也就是说，一个函数在执行过程中可以调用另一个函数。

【例 6-12】计算 $(1!)^2+(2!)^2+(3!)^2$。

分析：可编写两个函数，一个是用来计算平方值的函数 fun1，另一个是用来计算阶乘的函数 fun2。主函数先调用 fun1，在 fun1 中再调用 fun2 以计算数字的阶乘，然后将计算出的阶乘返回给 fun1，由 fun1 返回平方值，最后使用循环计算累加和。

```c
#include <stdio.h>
long fun1(int p)                // 定义平方值计算函数 fun1
{
    long l;
    long fun2(int);             // 声明用于计算阶乘的函数 fun2
    l = fun2(p);                // 计算 p 的阶乘
    return l * l;               // 返回阶乘的平方值
}
long fun2(int q)                // 定义阶乘计算函数 fun2
{
    long c = 1;
    int i;
    for(i = 1; i <= q; i++)
        c = c * i;
    return c;
}
void main( )                    //主函数
```

```
{
    int i;
    long s = 0;
    for (i = 1; i <= 3; i++)
        s = s + fun1(i);
    printf("s=%ld\n", s);
}
```

程序运行结果如图 6-16 所示。

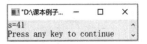

图 6-16　程序运行结果

上述程序中的函数调用关系如图 6-17 所示。

图 6-17　例 6-12 所示程序的函数调用关系

2. 函数的递归调用

函数在函数体内直接或间接地调用自身称为函数的递归调用，这种函数被称为递归函数。C 语言允许函数递归调用。在递归调用中，主调函数和被调函数是同一个函数。发生了递归调用的函数每调用一次就进入新的一层，如图 6-18 所示。

说明：

(1) C 编译系统对递归函数的自调用次数没有限制。

(2) 每调用函数一次，就在内存堆栈区分配空间，用于存放函数的变量、返回值等信息，所以递归次数过多，就越可能引起堆栈溢出。

(3) 递归是一种非常有效的数学方法，也是程序设计中的重要算法之一。对于某些问题的处理，采用递归方法的效果非常好，但递归调用需要占用大量的时间和额外的内存，因此在确定之前，应综合考虑是否选用递归方法。

图 6-18　函数的递归调用

【例 6-13】计算 $n!$。

递归公式如下：

$$n! = \begin{cases} 1 & (n=0 \text{ 或 } 1) \\ n \times (n-1)! & (n>1) \end{cases}$$

递归结束条件：当 $n=1$ 或 $n=0$ 时，$n!=1$。

程序如下：

```c
#include <stdio.h>
int fac(int n)
{
    int f;
    if(n < 0)
        printf("n<0, data error!");
    else if(n == 0 || n ==1)
        f = 1;
    else
        f = fac(n - 1) * n;
    return(f);
}
void main()
{
    int n, y;
    printf("Input a int number:");
    scanf("%d", &n);
    y = fac(n);
    printf("%d! =%5d\n", n, y);
}
```

程序运行结果如图 6-19 所示。

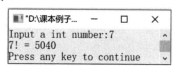

```
 "D:\课本例子...    —    □    ×
Input a int number:7
7! = 5040
Press any key to continue
```

图 6-19　程序运行结果

说明：

(1) 函数 fac 的执行代码只有一组，递归过程就是多次调用这组代码。

(2) 在进行递归调用时，每次都会动态地为形参 n 和局部变量 f 分配存储单元，形参 n 接收的是此次递归传递的实参值。

(3) 由分支条件控制递归的继续或终止。

(4) 递归调用结束后的反推过程(递推)就是不断地执行 return 语句以及为 f 赋值。

(5) 必须保证递归次数是有限的。

【例6-14】有6个人围坐在一起,问第6个人多少岁?第6个人说自己比第5个人大3岁。问第5个人多少岁?第5个人说自己比第4个人大3岁。问第4个人多少岁?第4个人说自己比第3个人大3岁。问第3个人多少岁?第3个人说自己比第2个人大3岁。问第2个人多少岁?第2个人说自己比第1个人大3岁。最后问第1个人,他说自己只有6岁。请问第6个人多少岁?

依题意,可列如下算式:

age(6) = age(5) + 3

age(5) = age(4) + 3

age(4) = age(3) + 3

age(3) = age(2) + 3

age(2) = age(1) + 3

age(1) = 6

以上算式可用如下数学通式来表示:

$$age(n) = \begin{cases} 6 & (n=1) \\ age(n-1)+3 & (n>1) \end{cases}$$

程序如下:

```c
#include <stdio.h>
int age(int n)
{
    int c;
    if(n == 1)
        c = 6;
    else
        c = age(n - 1) + 3;
    return (c);
}
void main( )
{
    printf("%d\n", age(6));
}
```

程序运行结果如图6-20所示。

【例6-15】在屏幕上显示杨辉三角。

```
            1
          1   1
        1   2   1
      1   3   3   1
    1   4   6   4   1
  1   5  10  10   5   1
  …  …  …  …  …  …
```

图6-20 程序运行结果

杨辉三角中的数字正是$(x+y)$的 n 次方展开式中各项的系数。本题在程序设计中十分具有代表性，求解方法有很多，这里仅给出一种。从杨辉三角的特点出发，可总结出以下两点：

- 当 $y=1$ 或 $y=x$ 时，值(不计左侧空格)为 1。
- 否则，$c(x,y)=c(x-1,y-1)+c(x-1,y)$。

代码如下：

```c
#include <stdio.h>
int c(int x, int y)
{
    int z;
    if (y == 1 || y == x)
        return 1;                          //当 y 等于 1 或 y 等于 x 时，值为 1
    else
    {
        z = c(x - 1, y - 1) + c(x - 1, y);   //递归调用函数 c
        return z;
    }
}
void main( )
{
    int i, j, n;
    printf("Input n =");
    scanf("%d", &n);
    for (i = 1; i <= n; i++)
    {
        for (j = 0; j <= n - i; j++)
            printf("  ");                    //为了保持三角形态，此处输出两个空格
        for (j = 1; j <= i; j++)
            printf("%4d", c(i, j));
        printf("\n");
    }
}
```

程序运行结果如图 6-21 所示。

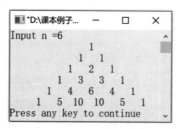

图 6-21　程序运行结果

6.3 变量的作用域

前面在讨论函数调用时讲过,形参变量仅在函数调用期间才分配内存单元,一旦调用结束就立即释放占用的内存。这表明形参变量仅在函数内部有效,离开函数就不存在了。变量的有效范围又称变量的作用域。C 语言中的所有变量都有自己的作用域。另外,根据变量的作用域可以将变量分为局部变量和全局变量。

6.3.1 局部变量及其作用域

在函数内部或复合语句中定义的变量称为局部变量,局部变量仅在定义它们的函数内部或复合语句中有效。局部变量又称为内部变量。

例如:

```
int fun1(int a)
{
    int b, c;                          a、b、c 变量的作用域
    …
}
int fun2(int x, int y)
{
    int z;                             x、y、z 变量的作用域
    …
}
void main( )
{
    int i, j, k;                       i、j、k 变量的作用域
    …
}
```

函数 fun1 定义了 3 个变量,其中的 a 为形参,b 和 c 为普通变量。在 fun1 函数内,变量 a、b、c 有效。函数 fun2 也定义了 3 个变量,其中的 x 和 y 为形参,z 为普通变量。在 fun2 函数内,变量 x、y、z 是有效的。主函数 main 定义的 3 个变量 i、j、k 是普通变量,它们仅在 main 函数内有效。

【例6-16】局部变量的作用域举例。

```
#include <stdio.h>
void good( )
{
    int a, b;                          //定义 good 函数的局部变量
    a = 6;
    b = 7;
    printf("sub: a = %d, b = %d\n", a, b);
```

```
}
void main()
{
    int a, b;                                   //定义 main 函数的局部变量
    a = 4;
    b = 5;
    printf("main: a = %d, b = %d\n", a, b);
    good( );
    {                                           //复合语句开始
      int a = 8, b = 9;                         //定义复合语句中的局部变量
      printf("main: a = %d, b = %d\n", a, b);
    }                                           //复合语句结束
    printf("main: a = %d, b = %d\n", a, b);
}
```

程序运行结果如图 6-22 所示。

图 6-22　程序运行结果

以上程序定义了多个局部变量，虽然它们的名称都是 a 和 b，但它们是不同作用域中的变量。下面分析一下局部变量的作用域。

- mian 函数中定义了两个局部变量 a 和 b，它们的作用范围仅限于 main 函数内部。另外，main 函数中定义了复合语句，因此 main 函数的局部变量 a 和 b 仅在复合语句之外的 main 函数内有效。
- 复合语句中定义的局部变量 a 和 b 的作用范围仅限于复合语句范围内。
- good 函数中定义的局部变量 a 和 b 的作用范围仅限于 good 函数内部。

说明：

(1) C 语言规定 main 函数和其他函数的地位是相同的。main 函数中定义的变量只能在 main 函数内部使用，不能在其他函数中使用。main 函数也不能使用其他函数中定义的变量。

(2) 在不同的函数中，虽然可以使用名称相同的变量，但它们的作用域不同，系统为它们分配的内存空间也不同，它们互不影响，因为它们是不同的变量。

(3) 形参变量是属于被调函数的局部变量，实参变量是属于主调函数的局部变量。

(4) 在复合语句中也可以定义变量，但作用域仅限于复合语句范围内。

6.3.2　全局变量及其作用域

全局变量是定义在所有函数之外的变量，可由同一程序中的所有函数共享。换言之，全局变量从定义的位置开始到整个程序结束都是有效的，全局变量的作用域是整个程序所在的源文件。全局变量又称为外部变量。全局变量如果在某个函数中发生了改变，那么其他函数中的同

一全局变量也将相应地发声改变。另外，如果在函数或复合语句中定义了与全局变量同名的局部变量，那么在局部变量的作用域内，同名的全局变量将暂时不起作用。

【例6-17】 求10个数的最大值、最小值和平均值。

```
#include <stdio.h>
float max = 0, min = 0;                          //max 和 min 为全局变量
float average(float array[ ], int n)
{
    int i;
    float aver,sum = array[0];
    max = min = array[0];                        //引用全局变量
    for (i = 1; i < n; i++)
    {
        if (array[i] > max)
            max = array[i];
        else if (array[i] < min)
            min = array[i];
        sum += array[i];
    }
    aver = sum / n;
    return (aver);
}
void main( )
{
    float ave, score[10];                        // ave 和 score[10]为局部变量
    int i;
    for (i = 0; i < 10; i++)
        scanf("%f", &score[i]);
    ave = average(score, 10);
    printf("max=%f\nmin=%f\naverage=%f\n", max, min, ave);
}
```

程序运行结果如图6-23所示。

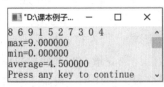

图6-23　程序运行结果

上述程序定义了两个全局变量 max 和 min，它们的作用范围是整个程序。average 函数中定义了数组 array 以及变量 n、aver、sum，它们都是局部变量，作用范围仅限于 average 函数内部。main 函数中定义了 ave、score[10]等局部变量，它们的作用范围仅限于 main 函数内部。

【例 6-18】全局变量屏蔽举例。

```c
#include <stdio.h>
int a = 6, b = 10;
int max(int a, int b)
{
  int c;
  c = a > b ? a : b;
  return(c);
}
void main()
{
  int a = 15;
  printf("max=%d\n", max(a, b));
}
```

程序运行结果如图 6-24 所示。

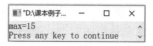

图 6-24 程序运行结果

上述程序定义了两个全局变量 a 和 b。max 函数中定义了 3 个局部变量 a、b、c，它们的作用范围仅限于 max 函数内部。main 函数中定义了局部变量 a，作用范围仅限于 main 函数内部。我们可以看到，max 函数和 main 函数中都定义了局部变量 a，但系统为它们分配了不同的内存空间，它们是不同的变量，互相之间没有关系，全局变量 a 在 max 函数和 main 函数中被局部变量 a 屏蔽了。由于 max 函数中定义了局部变量 b，因此全局变量 b 仅在 main 函数中有效，在 max 函数中无效。

说明：

(1) 全局变量的引入，使得函数可以返回一个以上的结果。

(2) 全局变量在程序的整个执行过程中都将占用存储单元，因而降低了函数的通用性、可靠性和可移植性，此处还降低了整个程序的清晰程度，容易出错。大家应尽量少用全局变量。

(3) 如果全局变量与局部变量同名，那么全局变量将被屏蔽。

6.4 变量的存储类别及生命周期

根据变量的生命周期，可以将变量分为静态存储变量和动态存储变量。静态存储变量是指在程序运行时固定分配存储空间的变量。动态存储变量是指在程序运行时根据需要动态分配存储空间的变量。

程序运行时的内存分配情况如图 6-25 所示。

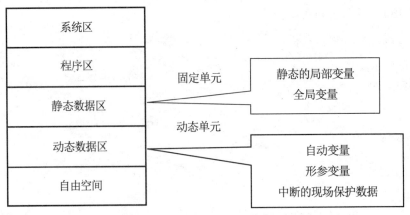

图 6-25　程序运行时的内存分配情况

全局变量和静态的局部变量存放在静态数据区，系统将在程序开始执行时为它们分配存储单元，它们占用的存储空间直到整个程序执行完毕后才释放。在程序执行过程中，它们占据着固定的存储单元，它们的生命周期贯穿于程序的整个执行过程。

动态数据区存放的是自动变量、形参变量和中断的现场保护数据。自动变量指的是未使用 static 关键字声明的局部变量，形参变量是指函数形式的参数，中断的现场保护数据是指函数调用的现场保护和返回地址。系统在函数调用开始时分配动态存储空间，并在函数调用结束时释放这些空间。它们的生命周期贯穿于函数的整个执行过程。

在 C 语言中，变量有两个属性：数据类型以及数据的存储类别。在前面的章节中，当介绍变量的定义方式时，我们只提到了它们的数据类型，其实我们还应该定义存储类别，存储类别决定了变量的存储位置。因此，变量的完整定义方式如下：

存储类别 数据类型标识符 变量名;

变量的存储类别共有 4 种。

- auto：自动变量。
- static：静态变量。
- register：寄存器变量。
- extern：外部变量。

6.4.1　自动变量

当定义局部变量时，如果使用了 auto 标识符或者没有指定存储类别，系统就认为定义的局部变量是自动变量。系统会为自动变量动态分配存储空间，数据存储在动态数据区。

局部变量的定义必须放在函数体或复合语句中的所有可执行语句之前。自动变量的作用域将从定义位置开始，到函数体或复合语句结束为止。自动变量的存储单元将在进入这些局部变量所在的函数体(或复合语句)时产生，并在退出函数体(或复合语句)时消失，这就是自动变量的生命周期。当再次进入函数体(或复合语句)时，系统将为它们另行分配存储单元。

【**例 6-19**】自动变量的应用。

```
void main( )
{
    int x = 1;                          // main 函数中的 x 变量
    {                                    // 复合语句开始
        void prt( );
        int x = 3;                       // 复合语句中的 x 变量
        prt( );
        printf("x1 = %d\n", x);
    }                                    // 复合语句结束
    printf("x2 = %d\n", x);
}
void prt( )
{
    int x = 5;                           // prt 函数中的 x 变量
    printf("x3 = %d\n", x);
}
```

程序运行结果如图 6-26 所示。

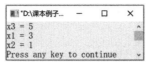

图 6-26　程序运行结果

在上述程序中，x = 3 的作用域为 main 函数中的复合语句，x = 1 的作用域为 main 函数中除了复合语句以外的区域，x = 5 的作用域为 prt 函数。

6.4.2　寄存器变量

寄存器变量是一种特殊的自动变量，与普通自动变量的区别仅在于：使用 register 声明的变量会建议编译程序将变量的值保留在 CPU 的寄存器中，而不是像普通自动变量那样占据内存单元。

说明：

(1) 只有函数中定义的变量或形参可以定义为寄存器变量。寄存器变量的值保存在 CPU 的寄存器中。

(2) 受寄存器大小的限制，寄存器变量只能是 char、int 和指针类型的变量；占用字节数较多的变量(long、float、double 等类型的变量)及数组不宜定义为寄存器变量。

(3) 由于寄存器变量保存在 CPU 的寄存器中，而系统从 CPU 的寄存器中读写变量相比从内存中读写变量要快，因此我们通常将使用频率比较高的变量设为寄存器变量，例如 for 循环中的变量。

(4) 如今的编译系统已经能够识别使用频率较高的变量，从而自动将这些变量存放到 CPU 的寄存器中。

【例 6-20】寄存器变量的应用。

```
void main( )
{
    long int sum = 0;
    float ave;
    register int i;
    for (i = 1; i <= 2000; i++)
        sum += i;
    ave = sum / 2000.0;
    printf ("sum=%ld\n", sum);
    printf ("ave=%f\n", ave);
}
```

程序运行结果如图 6-27 所示。

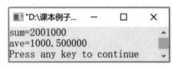

图 6-27 程序运行结果

在上述程序中，循环变量 i 的存取比较频繁，通过采用寄存器变量类型，就可以提高程序的运行速度。

6.4.3 静态变量

1. 静态的局部变量

函数体(或复合语句)中使用 static 声明的变量称为静态的局部变量，此类变量存放在静态数据区。静态的局部变量的生命周期贯穿于程序的整个执行过程，它们只有在编译时才可以赋值，以后每次调用时不再分配内存单元，也不再进行初始化，而是保留上一次函数调用后返回的结果，直到程序运行结束，对应的内存单元才释放。静态的局部变量的作用域仅限于定义它们的函数体或复合语句。

例如：

```
int fun(int a)
{
    auto int b;          //调用时分配存储单元并赋初值
    static int x, y;     //编译时分配存储单元并赋初值
    …
}
```

在上面的例子中，变量 a 和 b 是自动变量，它们都是在调用时分配存储单元并赋初值，属于动态的内存空间分配；而变量 x 和 y 是静态的局部变量，它们都是在编译时分配存储单元并赋初值，属于静态的内存空间分配，它们的生命周期贯穿于程序的整个执行过程，并且变量的

值在函数调用结束后仍然有效，下次调用时可继续使用，因为变量的存储单元没有发生变化。

自动变量和静态的局部变量的区别如表 6-2 所示。

表 6-2　自动变量和静态的局部变量的区别

自动变量	静态的局部变量
函数调用时产生，函数返回时消失。因此，函数返回后，自动变量的值也就不存在了	在调用函数前就已经产生，程序终止时才消失。因此，函数返回后，变量将保持现有的值不变
如果对变量赋初值，那么每次调用函数时都需要执行赋值操作	如果对变量赋初值，由于赋值操作在程序开始执行之前就执行过了；因此当调用函数时，不会执行赋值操作
当没有赋值时，自动变量的值是随机值	当没有赋值时，静态的局部变量的值为 0

【例 6-21】静态变量的调用。

```c
#include <stdio.h>
void f1( )
{
    int x = 1;
    printf("x = %d; ", x);
}
void f2( )
{
    static int x = 1;
    x ++;
    printf ("x = %d\n", x);
}
void main( )
{
    f1();
    f2();
    f1();
    f2();
}
```

程序运行结果如图 6-28 所示。

分析：由于 f2 函数中定义的 x 变量是静态的局部变量，因此当第二次调用 f2 函数时，系统不再为 x 变量分配内存单元，也不再对它进行初始化，x 变量将保持第一次调用结束时的值 2。因此，第二次调用 f2 函数时，输出的 x 变量值为 3。f1 函数中定义的 x 变量是局部变量，每次调用时都要分配内存单元并进行初始化，另外每次调用结束后内存单元都要释放，因此每次输出的 x 变量值都相同。

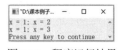

图 6-28　程序运行结果

2. 静态的全局变量

在所有函数(包括 main 函数)之外定义的使用 static 声明的变量称为静态的全局变量，此类变量存放在内存的静态数据区。静态的全局变量的生命周期贯穿于程序的整个执行过程，但作用域与外部变量(也就是全局变量)不同：静态的全局变量只能在定义它们的源文件中使用，具有局部可见性(注意与静态的局部变量的"局部可见性"是不一样的)；而外部变量可在其他的源文件中使用。

6.4.4 外部变量

外部变量是在所有函数(包括 main 函数)之外定义的变量，其作用域将从定义位置开始，到整个程序结束为止。外部变量如果不在文件的开头定义，那么作用范围将仅限于从定义位置开始，到文件末尾结束。如果处在定义位置之前的函数想引用外部变量，那么应该在引用之前使用关键字 extern 对外部变量进行声明。有了这种声明之后，就可以从声明位置开始，合法地使用外部变量了。

【例 6-22】外部变量的调用。

```c
#include <stdio.h>
void main( )
{
    void g1( ), g2( );
    extern int x, y;
    printf("1: x = %d\ty = %d\n", x, y);
    y = 155;
    g1( );
    g2( );
}
void g1( )
{
    extern int x, y;
    x = 100;
    printf ("2: x = %d\ty = %d\n", x, y);
}
int x, y;
void g2( )
{
    printf("3: x = %d\ty = %d\n", x, y);
}
```

程序运行结果如图 6-29 所示。

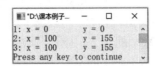

```
1: x = 0        y = 0
2: x = 100      y = 155
3: x = 100      y = 155
Press any key to continue
```

图 6-29　程序运行结果

在上述程序中，外部变量在声明之后，就可以扩大作用范围了。例如：假设对于源程序 file1.c 和 file2.c，我们需要在 file2.c 中调用 file1.c 中的变量。因为 file2.c 对外部变量做了声明，所以可直接使用 file1.c 中的部分结果，从而降低程序的空间复杂度并提高效率，如图 6-30 所示。

```
int x, y;
void main( )
{
    …
}
int fun1(…)
{
    …
}
                              file1.c
```

```
extern int x, y;        // 声明外部变量
float fun1(…)
{
    …
}
void fun2(…)
{
    …
}
                              file2.c
```

图 6-30　外部变量的应用

6.5　外部函数和内部函数

6.5.1　外部函数

1. 外部函数的定义

(1) 没有任何标识的函数，并且允许由其他源文件中的函数调用；但必须在调用的源文件中作为外部函数加以声明——在声明时加上 extern 关键字。

extern　函数类型　函数名(数据类型　形式参数 1, 数据类型　形式参数 2, …);

(2) 在定义函数时，在函数的首部加上 extern 关键字，从而表示定义的函数是外部函数，可由其他的源文件调用。

extern　函数类型　函数名(数据类型　形式参数 1, 数据类型　形式参数 2, …)
{
　　函数体;
}

2. 外部函数的调用方法

外部函数有两种调用方法，如图 6-31 所示。

```
extern int fun1(int x)   //定义外部函数
{
    …
}
void main( )
{
    …
}
                              file1.c
```

```
void main( )
{
    int a, b = 1;
    a = fun1(b);   //调用 file1.c 中的 fun1 函数
    …
}
                              file2.c
```

(a)

图 6-31　外部函数的调用方法

```
        int fun1(int x)
        {
          …
        }
        void main( )
        {
          …
        }
                              file1.c
```

```
        extern int fun1(int x);      //声明外部函数
        main( )
        {
          int a, b = 1;
          a = fun1(b);     //调用 file1.c 中的 fun1 函数
          …
        }
                              file2.c
```

(b)

图 6-31(续)

6.5.2　内部函数

假设一个源文件中定义的函数只能被这个源文件中的函数调用，而不能被同一源程序的其他源文件中的函数调用，这种函数被称为内部函数。

内部函数是使用 static 标识的函数，定义形式如下：

```
static  函数类型  函数名(数据类型  形式参数 1, 数据类型  形式参数 2, …)
{
    函数体;
}
```

一个函数在被定义为内部函数后，就只能由这个函数所在的源文件使用了，而不能由其他的源文件使用，从而使我们可以在不同的源文件中使用相同的函数名，它们之间互不影响，这有利于程序员在编程时根据情况灵活处理函数的作用范围。

例如：

```
static float fun1(int x, int y)      // 限定 fun1 函数只能在这个源文件中使用
{
    …
}
void main( )
{
    …
}
```

6.6　编译预处理

在之前的程序中，我们已多次使用过以#开头的预处理命令。例如：

● 包含命令#include <stdio.h>。

● 宏定义命令#define N 100。

以上这些就是预处理指令。预处理指令通常放在函数之外且位于程序的开头。

在 C 语言中，预处理是一项比较重要的功能，编译系统将首先对源程序中的预处理部分进行处理，结束后才进行源程序的编译。C 语言提供了多种预处理功能，如文件的包含、宏定义、条件编译等。合理地使用预处理功能编写的程序既便于读写、修改、移植和调试，也有利于模块化程序的设计。

1. 编译预处理的作用

编译预处理能够在对源程序进行编译之前做一些处理工作：生成并扩展 C 源程序。

2. 编译预处理的种类

● 宏定义：#define。
● 文件包含：#include。
● 条件编译：#if--#else--#endif。

3. 编译预处理的格式

● 编译预处理指令需要以#开头。
● 编译预处理指令需要单独书写一行。
● 编译预处理指令的末尾没有分号。

6.6.1　文件包含

文件包含的一般形式如下：

```
#include "文件名"
```

或

```
#include <文件名>
```

以上两种形式是有区别的：使用尖括号表示从文件的包含目录中进行查找(文件的包含目录是由用户在设置环境时顺带设置的)，而不是从源文件目录中进行查找；使用双引号则表示首先从当前的源文件目录中进行查找，找不到才从包含目录中进行查找。在编程时，可根据文件所在的目录选择其中一种命令形式。

如果一个源文件中包含多个库函数的头文件，那么可以使用以下格式：

```
#include <文件名 1>
#include <文件名 2>

#include <stdio.h>
#include <math.h>
#include <string.h>
```

或：

```
#include "stdio.h"
#include "math.h"
#include "string.h"
```

说明:

(1) 一个 include 命令只能指定一个被包含文件,若有多个文件需要包含,则必须使用多个 include 命令。例如:

```
#include <string.h> <stdio.h>
```

上述形式是错误的,应该写成如下形式:

```
#include <stdio.h>
#include < string.h >
```

(2) 文件包含允许嵌套。换言之,C 语言允许在一个被包含的文件中包含另一个文件。例如:

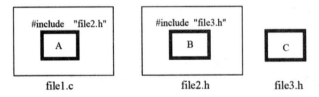

在以上示例中,file1.c 中包含 file2.h,file2.h 中又包含 file3.h,这便形成了文件包含的嵌套。经过处理后,源文件 file1.c 将同时包含 file2.h 和 file3.h 两个头文件。

(3) 预编译的处理过程为:在进行预编译时,使用被包含文件的内容取代预处理指令,然后对包含后的源文件进行编译。

(4) 被包含文件的内容为:源文件(*.c)+头文件(*.h)。

6.6.2 不带参数的宏定义

不带参数的宏定义的一般形式如下:

```
#define 宏名 [宏体]
```

例如:

```
#define N 100
#define PI 3.1415926
```

不带参数的宏定义的功能:使用指定的标识符(宏名)代替字符序列(宏体)。
使用#undef 可取消定义的宏,形式如下:

```
#undef 宏名
```

说明:

(1) 宏定义旨在使用宏名表示一个字符串,在宏被展开时以这个字符串取代宏名,这个字符串可以包含任何字符，既可以是常数，也可以是表达式，在预处理阶段进行预编译时，对于使用宏体替换宏名不作语法检查。即使出错，也只能在编译已被宏展开的源程序时发现。

(2) 当引号中的内容与宏名相同时，可以不进行替换。

(3) 不带参数的宏定义可以任意放置(一般放在函数的外部)。

(4) 不带参数的宏定义的作用域将从定义位置开始，直到源文件的末尾结束。如果要提前终止，可使用#undef命令。

(5) 宏定义既不是声明，也不是语句，末尾不必加分号。如果加了分号，就连分号也一并替换。

(6) 宏定义可以嵌套，但不能递归。

(7) 在宏定义中应该使用必要的圆括号。

例如：

```
#define PI 3.14159
printf ("2 * PI = %f\n", PI * 2);
```

上面的输出语句展开后将变为：

```
printf ("2*PI=%f\n",3.14159*2);
```

注意，上面的输出语句中有两个 PI，但第一个 PI 在引号内，所以不进行替换；第二个 PI 不在引号内，因此需要进行替换。

【例6-23】不带参数的宏定义举例。

```
#include <stdio.h>
#define YES 1
#define NO 0
#define PI 3.1415926
#define OUT printf("Hello,World");
void main( )
{
    int a;
    if (PI == 3.1415926)
        a = YES;
    else
        a = NO;
    OUT
    printf ("\n%d\n", a);
}
```

程序运行结果如图 6-32 所示。

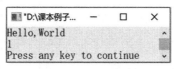

图6-32 程序运行结果

上述程序包含四个不带参数的宏定义，程序在编译时，宏定义将被展开为：

```
#include <stdio.h>
#define PI 3.1415926
void main( )
{
    int a;
    if (PI == 3.1415926)
        a = 1;
    else
        a = 0;
    printf ("Hello,World");
    printf ("\n%d\n", a);
}
```

【例 6-24】计算 $3(x^2 + 3x) + y(x^2 + 3x)$，假设 $x = 10$ 且 $y = 30$。

```
#define M x * x + 3 * x
void main( )
{
    int x, y, z;
    x = 10;
    y = 30;
    z = 3 * M + y * M;
    printf("z = %d\n", z);
}
```

程序运行结果如图 6-33 所示。与预期结果不一致，问题出在：上述程序没有在适当的位置使用圆括号。

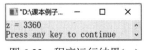

图 6-33　程序运行结果(一)

宏定义应该改为

```
#define M (x * x + 3 * x)
```

再次运行程序，结果如图 6-34 所示。这时运行结果与预期结果变得一致了。由此可以看出，在宏定义中有必要使用圆括号。

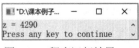

图 6-34　程序运行结果(二)

6.6.3　带参数的宏定义

C 语言允许宏带有参数。宏定义中的参数是形式参数，宏调用中的参数是实际参数。

对于带参数的宏，在调用时，不仅要将宏展开，而且要用实参代替形参。带参数的宏定义的一般形式如下：

```
#define 宏名(参数表) 宏体
```

【例 6-25】带参数的宏定义举例。

```
#define POWER(x) x * x
x = 4;
y = POWER(x);
```

【例 6-26】计算$(x+y)^2$。

```
#define POWER(x) x * x
x = 4;
y = 6;
z = POWER(x + y);
```

上述程序的运行结果与预期结果不一致，问题出在：上述程序没有在适当的位置使用圆括号。将程序改为：

```
#define POWER(x) (x)*(x)
x = 4;
y = 6;
z = POWER(x + y);
```

运行结果便与预期结果一致了。

带参数的宏定义与函数的联系和区别参见表 6-3。

表 6-3　带参数的宏定义与函数的联系和区别

	带参数的宏	函数
处理时间	编译时	程序运行时
参数类型	无类型问题	需要定义实参和形参的类型
处理过程	不分配内存 简单地进行字符替换	在分配内存时，先求实参的值，再代入形参
程序的大小	变大	不变
运行速度	不占用运行时间	调用和返回时需要占用一定的时间

6.7 本章小结

(1) C 程序是使用各式各样的函数来完成的。函数是用来完成某个特定的、相对独立的功能的代码段。函数是 C 源程序的基本模块，C 程序主要通过对函数进行调用来实现功能。

(2) 函数可分为库函数和自定义函数两种类型。在使用库函数之前，需要使用#include 指令将定义了库函数的头文件包含到需要使用库函数的 C 文件中。对于自定义函数，则需要"先声明，后使用"。

(3) 在 C 语言中，所有函数的定义，包括主函数 main 在内，都是平行的。函数可以嵌套使用，但不可以嵌套定义。函数之间允许相互调用，甚至允许嵌套调用。

(4) 如果被调函数定义在主调函数之前，那么被调函数的声明可以省略。如果被调函数定义在主调函数之后，那么必须在主调函数中或在主调函数之前对被调函数进行声明。

(5) 局部变量只能被自身所在的函数识别，一个函数不能识别另一个函数的局部变量及相关操作。

(6) 传递给函数的参数的个数、类型和顺序应与函数的定义相匹配。

(7) 值传递是指把值的副本传递给被调函数。在被调函数中修改副本的值时，不会影响原始变量的值。

(8) 使用数组元素作为函数实参，与使用普通变量作为函数参数类似。在函数调用过程中，向形参传递的是数组元素的值，并且这种传递是单向的。当把数组名作为函数实参时，在函数调用过程中，向形参传递的是数组的首地址，形参数组和实参数组将共享同一段内存单元，实参数组和形参数组之间进行的是双向传递。

(9) 根据变量的生命周期，可以将变量分为静态存储变量和动态存储变量。

(10) C 语言提供了 auto、register、extern 和 static 四种存储类型。

6.8 编程经验

(1) 当使用库函数时，必须在程序的开头包含库函数所在的头文件。

(2) 不能按照定义多个变量的方式定义函数的参数列表。例如，将函数定义 f1(flaot x, float y)写成 f1(flaot x, y)是错误的。

(3) 函数的局部变量既不能和形参同名，也不能和函数、库函数同名。

(4) 定义函数时，圆括号的后面不能有分号，声明函数时则不能漏掉分号；在函数内部不能定义另一个函数，函数可以嵌套调用，但不可以嵌套定义。

(5) 在调用函数时，形式必须与函数的定义一致(包括函数名和函数参数)。注意，实参的前面不可以再加类型修饰符。

(6) 递归函数必须定义出口，否则会导致系统死机。

(7) 在值传递中，实参的值不会因形参的值发生改变而受到影响。

(8) 选用有意义的函数名和参数名可以使程序更具可读性。

(9) 在函数的定义之前为函数添加功能注释，可使程序结构更清晰。

(10) 每一个函数都应该只完成单个预定义好的功能，并且函数名应该有效地指示所要完成的任务，这有助于提高软件的可重用性。

(11) 建议使用更小的函数集来编写程序，这样可使程序易于编写、调试、维护和修改。

6.9　本章习题

1. 阅读程序并输出结果。

(1)
```c
# include <stdio.h>
void fun (int p)
{
    int d = 2;
    p = d++;
    printf("%d", p);
}
void main( )
{
    int a = 1;
    fun(a);
    printf("%d\n", a);
}
```

程序运行后输出的结果是(　　)。

(2)
```c
# include <stdio.h>
int a = 5;
void fun (int b)
{
    int a = 10;
    a += b;
    printf ("%d,", a);
}
void main( )
{
    int c = 20;
    fun(c);
    a += c;
    printf ("%d\n", a);
}
```

程序运行后输出的结果是(　　)。

(3)
```c
#include <stdio.h>
int f(int x, int y)
{
    return ((y - x) * x);
}
void main( )
{
    int a = 3, b = 4, c = 5, d;
    d=f(f(a, b), f(a, c));
    printf("%d\n", d);
}
```

程序运行后输出的结果是(   )。

(4)
```c
#include <stdio.h>
int fun(int x, int y)
{
    if (x == y)
        return(x);
    else
        return((x + y) / 2);
}
void main( )
{
    int a = 4, b = 5, c = 6;
    printf("%d\n", fun(2 * a, fun(b, c)));
}
```

程序运行后输出的结果是(   )。

(5)
```c
#include <stdio.h>
int fun( )
{
    static int x = 1;
    x = x * 2;
    return x;
}
void main( )
{
    int i, s = 1;
    for (i = 1; i <= 2; i++)
        s = fun( );
    printf("%d\n", s);
}
```

程序运行后输出的结果是(   )。

(6)
```c
#include <stdio.h>
int abc(int u, int v);
void main( )
{
    int a = 24, b = 16, c;
    c = abc(a, b);
    printf("%d\n", c);
}
int abc(int u, int v)
{
    int w;
    while(v)
    {
        w = u % v;
        u=v;
        v=w;
    }
    return u;
}
```

程序运行后输出的结果是( )。

(7)
```c
#include <stdio.h>
int fun(int x, int y)
{
    static int m = 0, i = 2;
    i += m + 1;
    m = i + x + y;
    return m;
}
void main( )
{
    int j = 4, m = 1, k;
    k = fun(j, m);
    printf("%d,", k);
    k = fun(j, m);
    printf("%d\n", k);
}
```

程序运行后输出的结果是( )。

(8)
```c
#include <stdio.h>
void func1(int i);
void func2(int i);
char st[] = "hello,friend!";
```

```
void func1(int i)
{
    printf("%c", st[i]);
    if (i < 3)
    {
        i += 2;
        func2(i);
    }
}
void func2(int i)
{
    printf("%c", st[i]);
    if(i<3)
    {
        i+=2;
        func1(i);
    }
}
void main( )
{
    int i = 0;
    func1(i);
    printf("\n");
}
```

程序运行后输出的结果是(　　)。

```
(9)  #include <stdio.h>
    fun(char p[][10])
    {
        int n = 0, i;
        for (i = 0; i < 7; i++)
            if (p[i][0] == 'T')
                n++;
            return n;
    }
    void main( )
    {
        char str[][10] = {"Mon", "Tue", "Wed", "Thu", "Fri", "Sat", "Sun"};
        printf("%d\n", fun(str));
    }
```

程序运行后输出的结果是(　　)。

(10) #include <stdio.h>

```
#define F(X,Y) (X)*(Y)
void main( )
{
    int a = 3, b = 4;
    printf("%d\n", F(a++, b++));
}
```

程序运行后输出的结果是(　　)。

2. 编程题。

(1) 编写一个函数，使其返回 3 个数中的最大值。

(2) 编写一个函数，判断通过键盘输入的数是否为素数，然后使用 main 函数调用这个函数，将判断结果输出。

(3) 编写一个函数，对传递给它的字符进行判断。如果是一个英文字母，就返回这个英文字母的 ASCII 码值。

(4) 通过编程计算 $1 + 1/2 + 1/3 + \cdots + (n-1)/n$ 的结果。

(5) 编写一个函数，在屏幕的左侧输出一个使用星号绘制的实心正方形。这个实心正方形的边长可使用整型参数 side 指定。例如，如果 side 等于 4，那么输出的效果如下：

```
*   *   *   *
*   *   *   *
*   *   *   *
*   *   *   *
```

(6) 编写一个带有一个整型参数的函数，让它返回一个与所传入整数的数字顺序相反的整数。例如，对于整数 5632，这个函数的返回值为 2365。

(7) 编写函数 distance，用它计算两点(x_1, y_2)和(x_2, y_2)之间的距离，所有数据以及返回值都是 float 类型。

3. 选择题。

(1) 在下面的函数调用语句中，func 函数的实参个数是____。

```
func(f2(v1, v2), (v3, v4, v5),(v6, max(v7, v8)));
```

(A) 3　　　　　　　(B) 4　　　　　　　(C) 5　　　　　　　(D) 8

(2) 以下关于 return 语句的叙述中，正确的是____。

(A) 自定义函数必须有一条 return 语句。

(B) 自定义函数可以根据不同情况设置多条 return 语句。

(C) 定义成空类型的函数可以有带返回值的 return 语句。

(D) 没有 return 语句的自定义函数在执行结束后无法返回到调用处。

(3) 阅读以下程序。

```
#include <stdio.h>
double f(double x);
void main( )
```

```
    {
        double a = 0;
        int i;
        for (i = 0; i < 30; i +=10)
            a += f((double)i);
        printf ("%5.0f\n", a);
    }
    double f(double x)
    {
        return (x * x + 1);
    }
```

程序运行后输出的结果是____。

    (A) 503   (B) 401   (C) 500   (D) 1404

(4) 阅读以下程序：

```
#include <stdio.h>
#define N 4
void fun(int a[][N], int b[])
{
    int i;
    for (i = 0; i < N; i++)
        b[i] = a[i][i];
}
void main( )
{
    int x[][N] = {{1, 2, 3}, {4}, {5, 6, 7, 8}, {9, 10}}, y[N], i;
    fun(x, y);
    for(i = 0; i < N; i++)
        printf("%d,", y[i]);
    printf("\n");
}
```

程序运行后的输出结果是____。

    (A) 1,2,3,4   (B) 1,0,7,0   (C) 1,4,5,9   (D) 3,4,8,10

(5) 阅读以下程序：

```
#include <stdio.h>
int fun(int x, int y)
{
    if (x != y)
        return((x + y) / 2);
    else
        return(x);
```

```
    }
    void main( )
    {
        int a = 4, b = 5, c = 6;
        printf("%d\n", fun(2 * a, fun(b, c)));
    }
```

程序运行后输出的结果是____。

 (A) 6   (B) 3   (C) 8   (D) 12

(6)　假设存在如下函数定义：

```
    int fun(int k)
    {
        if(k < 1)
            return 0;
        elseif(k == 1)
            return 1;
        else
            return fun(k - 1) + 1;
    }
```

若执行语句 n = fun(3);，则函数 fun 总共被调用的次数是____。

 (A) 2   (B) 3   (C) 4   (D) 5

(7)　阅读以下程序：

```
    #include <stdio.h>
    void fun(int x)
    {
        if(x / 2 > 1)
            fun(x / 2);
        printf("%d ", x);
    }
    void main( )
    {
        fun(7);
        printf("\n");
    }
```

程序运行后输出的结果是____。

 (A) 1 3 7   (B) 7 3 1   (C) 7 3   (D) 3 7

(8)　对于定义在 C 源文件中的全局变量来说，其作用域为____。

 (A)　由具体的定义位置和 extern 声明共同决定。

 (B)　所在程序的全部范围。

 (C)　所在函数的全部范围。

 (D)　所在 C 源文件的全部范围。

(9) 阅读以下程序：

```c
#include <stdio.h>
int fun( )
{
    static int x = 1;
    x *= 2;
    return x;
}
void main( )
{
    int i, s = 1;
    for (i = 1; i <= 3; i++)
        s *= fun( );
    printf("%d\n", s);
}
```

程序运行后输出的结果是____。

(A) 0   (B) 10   (C) 30   (D) 64

(10) 阅读以下程序：

```c
# include <stdio.h>
# define S(x) 4 * (x) * x + 1
void main( )
{
    int k = 5, j = 2;
    printf("%d\n", S(k + j));
}
```

程序运行后输出的结果是____。

(A) 197   (B) 143   (C) 33   (D) 28

第7章

指　针

本章概览

在本章，我们将讨论 C 语言最强大的功能之一：指针。本章首先简单介绍地址和指针的概念；然后详细介绍指针变量的定义、引用方法；接下来介绍指针数组与指向数组的指针变量的概念、定义和用法，以及指向字符串的指针的定义和用法；最后介绍将指针变量作为函数参数时的用法。指针的概念比较复杂，使用比较灵活，因此初学者很容易犯错，学习本章内容时请一定多思考、多比较、多上机，从而真正掌握指针的强大功能。

知识框架

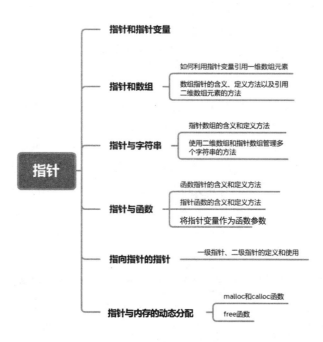

7.1 地址和指针的概念

1. 变量的地址

为了弄清楚什么是指针，你必须先弄清楚数据在内存中是如何存储和读取的。

在计算机中，内存是连续的存储空间。为了便于对其中某个指定部分进行操作，可对内存进行编址，内存编址的基本单位为字节。内存中的每一字节都有一个编号，这就是"地址"。对于程序中定义的变量，编译系统会根据变量的类型为其分配一定长度的内存单元。例如，在 C 语言中，short int 型数据占用 2 字节，int 型和 float 型数据占用 4 字节，double 型数据占用 8 字节，char 型数据占用 1 字节。分配给每个变量的内存单元的起始地址就是对应变量的地址。编译后，每一个变量都对应一个地址。当引用变量时，就是从变量名对应的地址开始的若干内存单元中取出数据；当为变量赋初值时，则是将数据按照变量的类型存入对应的内存单元。

例如，对于如下变量：

```
short int x;
float t;
x=10;
t=0.618;
```

经系统编译后，它们在内存中的存储情况如图 7-1 所示。

图 7-1　变量在内存中的存储情况

2. 指针的概念

使用变量名直接从对应的内存地址中读取变量的值，这种方式称为"直接访问"。将变量 x 的地址存放到另一个变量 P 中，当访问变量 x 时，先从 P 中读取变量 x 的地址，再根据得到的地址访问变量 x 的值，这种方式称为"间接访问"。C 语言规定只能使用一种特殊类型的变量来存放地址，这种类型就是指针类型。通过指针类型的变量可以实现"间接访问"，C 语言称之为变量的指针。变量的指针就是变量的地址，指针 P 中存放的是变量 x 的地址。

因此，对于内存单元而言，内存单元的地址便是指针，内存单元中存放的数据才是真正的内容。访问内存地址其实是为了更方便地操作内存中的数据。以图 7-1 为例，内容地址 1500 中存放的是整型变量 x，值为 10。如果定义指针变量 P，P 的内存地址为 2000，P 的值为 1500，那么 P 就是指向变量 x 的指针，如图 7-2 所示。

图 7-2　用于存放变量地址的指针变量

由于通过地址就能找到所需的变量，因此 C 语言将地址形象地称为指针。指针其实就是地址，是一种地址常量。但是，指针变量却可以被赋予不同的指针，从而指向不同的地址。定义指针是为了通过指针来访问内存单元，从而对内存单元中的数据进行操作。

指针变量的值是一个地址，这个地址不仅可以是变量的地址，也可以是其他数据结构的首地址。使用指针指向某种数据结构，其实就是将这种数据结构的首地址赋予指针。因为许多数据结构在内存中都是连续存放的，所以在通过访问指针变量取得数据结构的首地址之后，就可以访问数据结构的所有成员了。正因为如此，我们可以使用指针变量来表示数据结构，只需要为指针变量赋予数据结构的首地址即可。

【例 7-1】定义三个变量并输出这三个变量的内存地址。

```
#include <stdio.h>
void main()
{
    int a=10;
    float b=20.0;
    int c=30;
    printf("%p %p %p\n",&a,&b,&c);          // 输出变量 a、b、c 的内存地址
}
```

程序运行结果如图 7-3 所示。这里的 0019FF2C、0019FF28 和 0019FF24 是编译系统为变量 a、b、c 分配的内存地址。注意，上述程序每次运行的结果都将不同。因为每次运行时，编译系统为变量 a、b、c 分配的内存地址不太可能与之前分配的完全相同。在 C 语言中，指针就是地址，但要注意：一般情况下，数组的地址是指整个数组元素序列的首地址。

图 7-3　程序运行结果

7.2　指针和指针变量

7.2.1　指针变量的定义和初始化

1. 指针变量的定义

用来存放指针的变量称为指针变量。指针变量也是一种变量，但这种变量中存放的不是普通的数据，而是地址。如果指针变量中存放的是某个变量的地址，那么指针变量就指向那个变量。定义指针变量的一般形式如下：

数据类型名　*指针变量名 1，*指针变量名 2，…;

指针变量的定义应包括数据类型名和指针变量名。

(1) 数据类型名指定了指针变量所指向变量的类型。指针变量的类型必须与其中存放的变量的类型一致。也就是说，只有整型变量的地址才能存放到指向整型变量的指针变量中。

(2) 指针变量名指定了指针变量的名称。

例如：

```
int *p;
```

上述语句定义了一个指向整型变量的指针 p(注意不是*p)，p 是指针变量，代表的是它所指向的整型变量的地址，具体指向哪个整型变量的地址，是由指针变量的初始化过程决定的。例如：

```
int *p1;          //定义一个指向整型变量的指针 p1
float *p2;        //定义一个指向浮点型变量的指针 p2
char *p3;         //定义一个指向字符型变量的指针 p3
```

说明：

(1) 指针变量所指向变量的类型在定义时就已经确定，在使用过程中不能随便改变。例如，不能时而指向整型，时而指向浮点型。上面的指针变量 p1 在定义时指向的是整型变量，因而在后续使用过程中，p1 不能再指向其他数据类型的变量。

(2) 当定义多个指针变量时，可以这样来定义：

```
int *p1;
int *p2;
```

还可以这样来定义：

```
int *p1, *p2;
```

但是，如果想定义两个指针变量 p1、p2，那么不可以这样来定义：

```
int *p1, p2;
```

上述方式定义的是一个指向整型变量的指针变量 p1 以及一个普通的整型变量 p2。一个*只能定义一个指针变量。

2. 指针变量的初始化

指针变量和其他变量一样，在使用之前也必须先定义，再进行初始化。当然，也可以在定义的同时进行初始化。

当定义指针变量时，指针变量的值是随机的，因而无法确定具体的指向，必须赋值才有意义。使用未经赋值的指针变量将造成系统混乱，甚至有可能导致死机。指针变量只能赋予地址，而不能赋予任何其他数据，否则将引起错误。在 C 语言中，变量的地址是由编译系统分配的，对用户完全透明，用户根本不知道变量的具体地址。C 语言提供了取址运算符&来获取变量的地址。

初始化指针变量的一般形式如下：

```
数据类型名 * 指针变量名 = 初始值;
```

说明：

(1) 指针变量的初始化方法有两种，一种是先定义后赋值，另一种是在定义的同时进行赋值。例如：

```
int a;
int *p1;
*p1=&a;
```

或

```
float b;
float *p2=&b;
```

不管使用哪种方法，在将一个变量的地址赋给指针变量之前，必须先定义这个变量。以下初始化语句是错误的：

```
float *p2=&c;
```

由于没有定义变量 c，因此无法将变量 c 的地址赋给指针变量 p2。

(2) 指针变量的初始值必须与定义指针时指向的类型一致。例如，以下初始化语句就是错误的：

```
int a;
float *p;
p=&a;
```

由于 p 和 a 的类型不一致，因此不可以将 int 型变量 a 的地址赋给指向 float 型变量的指针 p。

(3) 在初始化过程中，不能将地址以外的值赋给指针，因为系统会将得到的值当成地址进行处理，从而导致对内存进行误操作，引发严重错误。

例如：

```
int *a=100;
```

上述语句会引发严重错误。

(4) 可以将一个地址的值赋给另一个地址。

例如：

```
int a;
int *p1=&a;
int *p2=p1;
```

在上述语句中，p1 和 p2 指向的是同一个内存单元，它们都指向整型变量 a。

(5) p1=&a;会将变量 a 的地址赋给指针 p1，而*p1=3;会将 p1 指向的变量赋值为 3，两者的意义完全不同。

(6) 在初始化过程中，可以将指针初始化为空指针。

例如：

```
int *p=0;
```

在 C 语言中，如果将一个指针初始化为 0，就说明这个指针没有指向任何内存空间，是空指针。

7.2.2　指针变量的引用和指针的运算

1. 指针变量的引用

当指针变量完成定义和赋值之后，就可以使用变量名对变量进行直接引用，也可以通过指向变量的指针进行间接引用。

在 C 语言中，对指针变量的引用可通过取址运算符&和取值运算符*来完成。对于取址运算符&，我们在前面的学习中已经见过。例如，当使用 scanf 函数进行输入时，可使用&取址运算符将数据存储到指定的存储空间。再如，在指针的运算中，取址运算符&可用来将变量的地址赋给指针变量。取值运算符*则用来对指针指向的对象的值进行访问(又称"间接访问")。

注意：

(1) 定义指针变量时与引用指针变量时使用的*的含义是有区别的。指针变量定义中的*可理解为指针类型定义符，表示定义的变量是指针变量。指针变量中引用的*是取值运算符，表示访问指针变量指向的变量。

(2) &用于获取某个变量的地址，*则是&的逆运算，用于获取存放于某个地址的值。例如，假设存在如下语句：

```
int a = 2;
```

如果再定义如下指针：

```
int *p = &a;
```

那么此时 p 的值是 a 的地址，*p 则表示获取存放于 p 地址的值。

(3) &和*都是单目运算符，它们的优先级相同，按从右向左的方向进行结合。

(4) 不能引用没有赋值的指针变量。

【例 7-2】输入 a 和 b 两个整数，按先大后小的顺序输出 a 和 b。

```
#include <stdio.h>
void main()
{
    int *p1,*p2,*p,a,b;                 //这里的*用于定义指针变量 p1、p2、p
    scanf("%d,%d", &a,&b);
    p1=&a;p2=&b;                        //指针 p1 和 p2 分别指向变量 a 和 b
    if(a<b)
    {
        p=p1;                          //交换指针 p1 和 p2 的内容: p=&a;p1=&b;p2=&a;
        p1=p2;
```

```
        p2=p;
    }
    printf("a=%d,b=%d\n",a,b);
    printf("max=%d,min=%d\n",*p1, *p2); //这里的*表示引用指针变量 p1 和 p2 指向的变量
}
```

程序运行结果如图 7-4 所示。

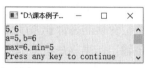

图 7-4　程序运行结果

2. 指针的运算

指针的运算一般分为加法和减法运算。指针可以加上或减去整数,但指针的这种运算的意义和通常的数值加减运算的意义是不一样的。指针的主要运算符是取址运算符(&)和取值运算符(*,又称"间接访问"运算符)。

(1) 为指针变量赋值。

可将变量的地址赋给指针变量,例如:

```
    int *p;
    p=&a;                    //将变量 a 的地址赋给 p
    p=array;                 //将数组 array 的首地址赋给 p
    p=&array[i];             //将数组 array 中第 i+1 个元素的地址赋给 p
    p1=p2;                   //p1 和 p2 都是指针变量,将 p2 的值赋给 p1
```

【例 7-3】使用取址运算符&获取变量(包括指针变量)的地址。

```
    #include <stdio.h>
    void main()
    {
    int a,*pa;                   // 定义整型变量 a 和指针变量 pa
    pa=&a;                       // 将变量 a 的地址赋给 pa
    printf("address of a:%p",&a);     // 输出变量 a 的地址
    printf("\npa=%p",pa);             // 输出指针变量 pa 的值
    printf("\naddress of pa:%p\n",&pa);  // 输出指针变量 pa 的地址
    }
```

程序运行结果如图 7-5 所示。

图 7-5　程序运行结果

(2) 指针的取值。

通过取值运算符*可以获取指针变量所指向变量的值。

例如:

```
int a=10;
int *p=&a;
printf("%d",*p);
```

上面定义了整型变量 a 和指向整型变量的指针 p,指针 p 指向的是整型变量 a 的地址,printf
语句用于将 p 指向的内存单元中的值输出,也就是将整型变量 a 的值 10 输出。

【例7-4】定义指针变量,使用取址运算符*对指针变量进行引用。

```
#include <stdio.h>
void main()
{
    int a,*pa;                 // 定义整型变量 a 和指针变量 pa
    pa=&a;                     // 将变量 a 的地址赋给 pa
    *pa=10;                    // 将 10 保存到 pa 指向的内存地址
    printf("a=%d",a);
    a=20;                      // 将变量 a 赋值为 20
    printf("\n*pa=%d\n",*pa);  // 输出 pa 指向的内存单元中的数据
}
```

程序运行结果如图 7-6 所示。

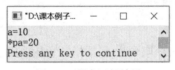

图 7-6　程序运行结果

从程序运行结果可以看出:指针变量 pa 指向 a 以后,*pa 等价于 a。换言之,对*pa 和 a
进行操作的效果是相同的,如图 7-7 所示。

图 7-7　使用指针运算符对指针变量进行引用

(3) 对指针变量加/减一个整数。

对指针变量加/减一个整数是指将这个整数与指针变量所指向类型占用的字节数相乘,然后
再与指针变量的原值(也是地址)进行相加或相减。例如,p+i 就代表这样的地址运算——p+i*d,
其中的 d 表示 p 指向的数据类型占用的字节数,这样才能保证 p+i 指向 p 后面的第 i 个元素。

这种运算适用于数组,因为系统为数组分配的内存空间是连续的。在数组运算中,++和--
运算分别指向后一个和前一个元素。

(4) 空值运算。

空值运算表示指针变量不指向任何变量：

```
p=NULL;
```

请注意，p 的值等于 NULL 与 p 未被赋值是两个不同的概念。对于前者，p 是有值的(值为 0)，不指向任何变量；对于后者，虽未对 p 赋值，但并不等于 p 没有值，只不过 p 的值无法预料，p 可能指向某个未指定的内存单元，这种情况是很危险的。因此，指针变量在引用之前应先赋值。

(5) 将两个指针变量相减。

如果两个指针变量指向同一数组中的元素，那么这两个指针变量的差将是两个指针之间的元素个数。例如，如果 p1 指向 a[1]、p2 指向 a[4]，那么 p2-p1=4-1=3。指向不同数组的指针变量也可以做减法运算，但这样做是没有意义的，并且可能导致运行时错误。

注意：两个指针变量不能做加法运算。

(6) 比较两个指针变量。

如果两个指针变量指向同一数组中的元素，那就可以对它们进行比较。指向前面元素的指针变量"小于"指向后面元素的指针变量。

注意：能够进行比较的前提是两个指针指向相同类型的变量。

例如：

```
int *p1, *p2, K;
int a[10] = {1,3,5,7,9,11,13,15,17,19};
p1=a;          //p1 指向数组的首地址, p=&a[0]
p2=a;          //p2 也指向数组的首地址, p2=&a[0]
p1++;          //p1 指向数组中的下一个元素 a[1]
K=*p1;         //将 p1 所指元素的内容赋给 K, K=3
K=*(p1+3);     //将 p1 后面的第三个元素的内容赋给 K, K=9, 但 p1 本身不变
K=*p1+2;       //将 p1 所指元素的内容加 2 后赋给 K, K=a[1]+2=5
if(p1>p2)      //比较两个指针所指元素的数组下标
K=p1-p2        //将 p1 与 p2 所指元素的数组下标相减
               //此时 p1 指向 a[1], p2 指向 a[0], K=p1-p2=1-0=1
```

7.3　指针和数组

7.3.1　指针和一维数组

数组和指针的关系十分紧密。

数组是由连续的一块内存单元组成的，数组名就是这块连续内存单元的首地址。同时，数组也是由各个数组元素组成的，数组元素按类型的不同，将分别占用一些连续的内存单元，数组元素的首地址也就是这些内存单元的首地址。一维数组是一张线性表，存放在一块连续的内存单元中。在对数组进行访问时，可首先通过数组名(数组的起始位置)加上相对于起始位置的

位移量，得到要访问的数组元素的内存地址，然后对存放于计算出的内存地址的内容进行访问。

C 语言允许以指针作为媒介，从而方便地完成对数组元素的各种操作。指针和数组在很多情况下可以互换，数组名就是常量指针，指针也可以对数组进行操作。当然，在通过指针访问数组元素时，同样需要注意避免出现数组的越界访问。C 语言在对数组进行处理时，实际上是将操作转换成指针运算。数组与指针暗中结合在一起，任何能由数组下标完成的操作，都可以用指针来实现，不带下标的数组名实际上就是指向数组的指针。

数组的下标在编译时需要转换为指针，因为使用指针来表示数组能减少系统的编译时间。但是，当使用指针来表示数组时，程序可能会变得复杂难懂，所以在进行数组操作时，应尽量使用下标，虽然编译比较费时，但是程序看起来比较清晰。

数组的指针是指数组在内存中的起始地址，数组元素的指针是指数组元素在内存中的起始地址。

例如：

```
int a[10];      //定义一维数组 a
int *p;         //定义指针变量 p
p=a;            //赋值后，p 指向数组 a 的第一个元素，与 p=&a[0]一致
```

由于数组名是指向数组中第一个元素的指针类型的符号常量，因此数组 a 与&a[0]是相等的。也就是说，p=a;和 p=&a[0];是等价的，如图 7-8 所示。

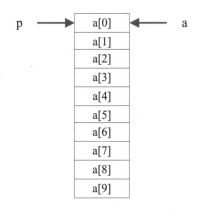

图 7-8　指针、数组名与数组的关系

由上可知，当使用指针引用数组时，需要注意以下几点：

① p=a;不是把数组 a 中的所有元素赋给 p，而是让 p 指向数组 a 的第一个元素。

② p[i]和 a[i]都表示数组 a 的第 i+1 个元素。

③ p+i 和 a+i 都表示数组 a 中第 i+1 个元素的地址，也就是 a[i]的地址。因此，我们也可以使用*(p+i)和*(a+i)来引用数组元素。

④ p+1 并不表示将指针 p 的值加 1，而表示从当前的内存位置开始，跳过当前指针所指向类型占用的内存空间。例如，如果 p 指向的变量为 int 型，那么 p+1 需要跳过 4 字节的内存空间。

数组元素的引用方式有如下两种。

- 下标法：采用 a[i]或 p[i]的形式访问数组元素。
- 指针法：采用*(a+i)或*(p+i)的形式，使用间接访问方法来访问数组元素，其中的 a 是数组名，p 是指向数组的指针变量。

【例 7-5】使用键盘输入数组的 10 个整型变量的值，然后输出到屏幕上，实现方式有四种。

第一种：使用指针引用数组元素。

```
#include <stdio.h>
void main()
{
    int *p,i,a[10];
    p=a;
    for(i=0;i<10;i++)
        scanf("%d",p++);
    p=a;
    for (i=0;i<10;i++,p++)
        printf ("%3d",*p);
    printf("\n");
}
```

第二种：使用下标引用数组元素。

```
#include <stdio.h>
void main()
{
    int i,a[10];
    for (i=0;i<10;i++)
        scanf("%d",&a[i]);
    for(i=0;i<10;i++)
        printf("%3d",a[i]);
    printf("\n");
}
```

第三种：使用指针下标引用数组元素。

```
#include <stdio.h>
void main()
{
    int *p,i,a[10];
    p=a;
    for (i=0;i<10;i++)
        scanf("%d",&p[i]);
    for(i=0;i<10;i++)
```

```
        printf("%3d",p[i]);
      printf("\n");
   }
```

第四种：使用数组名引用数组元素。

```
#include <stdio.h>
void main()
{
    int i, a[10];
    for (i=0;i<10;i++)
      scanf("%d", a+i);
    for(i=0;i<10;i++)
      printf("%3d", *(a+i));
    printf("\n");
}
```

程序运行结果如图 7-9 所示。

图 7-9　程序运行结果

注意：

① 指针变量可以实现自身的值的改变。例如，p++是合法的，而 a++是错误的，因为 a 是数组名，表示数组的首地址，是常量。

② 数组在定义时包含 10 个元素，但指针变量可以指向数组之后的其他内存单元，对此系统并不报错，这样做是很危险的。

③ *p++等价于*(p++)，因为++和*的优先级相同，结合方向为从右向左。

④ *(p++)与*(++p)的作用不同。若 p 的初值为 a，则*(p++)等价于 a[0]，*(++p)等价于 a[1]。

⑤ (*p)++表示对 p 指向的元素的值加 1。

⑥ 如果 p 当前指向数组 a 的第 i 个元素，那么

- *(p--)相当于 a[i--]。
- *(++p)相当于 a[++i]。
- *(--p)相当于 a[--i]。

⑦ ++*p、(*p)++、*p++、*++p 四者的区别如下：

- ++*p 相当于++(*p)，首先对 p 指向的变量的值加 1，然后获取这个变量的值。
- (*p)++表示首先获取 p 指向的变量的值，然后对这个变量的值加 1。
- *p++相当于*(p++)，表示首先获取 p 指向的变量的值，然后将 p 加 1。
- *++p 相当于*(++p)，表示首先对 p 的值加 1，然后获取 p 指向的变量的值。

⑧ 一维数组元素的引用如图 7-10 示。图 7-10 的左边展示了数组 a 的地址表示方式，右边展示了数组 a 的引用表示方式。

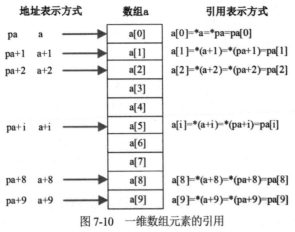

图 7-10 一维数组元素的引用

【例 7-6】指针运算与数组下标举例。

```c
#include <stdio.h>
void main()
{
    int a[10]={10,20,30,40,50,60,70,80,90,100},*p,i;
    p=a;
    for (i=0; i<10; i++)
        printf ("%3d",*p++);            //*p++等价*(p++)
    p=a;
    printf("\n");
    for (i=0; i<10; i++)
        printf ("%3d",(*p)++);          //首先获取 p 指向的变量的值，然后对这个变量的值加 1
    printf("\n");
}
```

程序运行结果如图 7-11 所示。

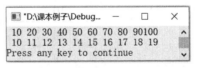

图 7-11 程序运行结果

7.3.2 指针和二维数组

下面着重介绍指针和多维数组的关系，以及如何使用指向多维数组的指针变量来表示多维数组中的元素。前面介绍了多维数组的概念及引用方法，二维数组由于是多维数组中比较容易理解的一种，并且能够代表多维数组的一般处理方法，因此我们主要讨论指针和二维数组的关系。

1. 地址和值的表示方法

对于如下整型二维数组 a[3][4]:

$$
\begin{array}{cccc}
0 & 1 & 2 & 3 \\
5 & 6 & 7 & 8 \\
10 & 11 & 12 & 13
\end{array}
$$

可定义为:

```
int a[3][4]={{0,1,2,3},{5,6,7,8},{10,11,12,13}}
```

说明:

① 二维数组名 a 是二维数组的首地址。这个二维数组可看成包含三个元素 a[0]、a[1]和 a[2] 的一维数组,如图 7-12 所示。

② 每个元素 a[i]又是一个一维数组,其中包含 4 个元素。a+i 为第 i+1 行的首地址。

③ a[i]、*(a+i)均表示第 i+1 行、第 1 列元素的地址。

④ a[i]+j、*(a+i)+j 均表示第 i+1 行、第 j+1 列元素的地址。

⑤ *(a[i]+j)、*(*(a+i)+j)和 a[i][j]均表示第 i+1 行、第 j+1 列元素的值。

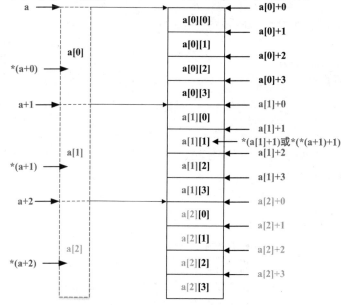

图 7-12 二维数组与一维数组的关系

假设每个数组元素占用 2 字节。二维数组的各种引用形式的含义及内容如表 7-1 所示。

表 7-1 二维数组的各种引用形式的含义及内容

引用形式	含　义	地　址
a、&a[0]	二维数组名,a[0]行元素的首地址	1000
a[0]、*(a+0)、*a、&a[0][0]	a[0]数组名,第 1 行、第 1 列元素的地址	1000
a[0]+1、*a+1、&a[0][1]	第 a[0]行、第 2 列元素的地址	1002
a+1、&a[1]	a[1]数组元素的地址	1008

(续表)

引用形式	含 义	地 址
a[1]、*(a+1)、&a[1][0]	a[1]数组名，第 2 行、第 1 列元素的地址	1008
a[1]+3、*(a+1)+3、&a[1][3]	第 a[1]行、第 4 列元素的地址	1014
(a[2]+3)、(*(a+2)+3)、a[2][3]	第 a[2]行、第 4 列的元素	1022

2. 指向二维数组的指针变量

指向二维数组的指针变量的定义形式如下：

数据类型名 (*变量名)[元素个数]

*表示后面的变量名为指针类型，[元素个数] 表示目标变量是一维数组，并且指明了一维数组元素的个数。由于*比 [ ] 的运算级低，因此 "*变量名" 作为声明部分，两边必须加圆括号。"数据类型名" 用于指定二维数组元素的类型。

在把二维数组 a 分解为一维数组 a[0]、a[1]、a[2]之后，假设 p 为指向二维数组的指针变量，可将 p 定义为：

```
int (*p)[4];
```

上述语句表示 p 是指针变量，用于指向包含 4 个元素的一维数组。如果 a[0]指向第一个一维数组，那么其值等于 a 或&a[0][0], p+i 则指向一维数组 a[i]。通过前面的分析可以得出：*(p+i)+j 是二维数组 a 的第 i+1 行、第 j+1 列元素的地址，而*(*(p+i)+j)则是第 i+1 行、第 j+1 列元素的值，如图 7-13 所示。

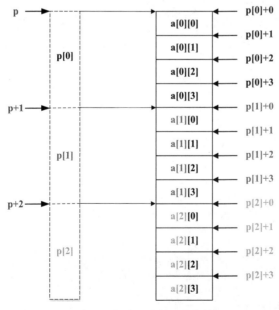

图 7-13 指向二维数组的指针

引用二维数组元素时，可以使用下标法或指针法。

【例7-7】对二维数组中的元素进行输出。

第一种：使用下标引用二维数组元素。

```
#include <stdio.h>
void main()
{
    int a[3][4]={0,1,2,3,4,5,6,7,8,9,10,11};
    int i,j;
    for(i=0;i<3;i++)
    {
        for(j=0;j<4;j++)
            printf("%2d    ",a[i][j]);
        printf("\n");
    }
}
```

第二种：使用指针和下标引用二维数组元素。

```
#include <stdio.h>
void main()
{
    int a[3][4]={0,1,2,3,4,5,6,7,8,9,10,11};
    int i,j;
    for(i=0;i<3;i++)
    {
        for(j=0;j<4;j++)
            printf("%2d    ",*(a[i]+j));
        printf("\n");
    }
}
```

第三种：使用指针引用二维数组元素。

```
#include <stdio.h>
void main()
{
    int a[3][4]={0,1,2,3,4,5,6,7,8,9,10,11};
    int(*p)[4];
    int i,j;
    p=a;
    for(i=0;i<3;i++)
    {
        for(j=0;j<4;j++)
            printf("%2d    ",*(*(p+i)+j));
```

```
            printf("\n");
        }
    }
```

或者：

```
    #include <stdio.h>
    void main()
    {
        int a[3][4]={0,1,2,3,4,5,6,7,8,9,10,11};
        int (*p)[4];
        int j;
        for (p=a; p<a+3; p++)
        {
            for (j=0; j<4; j++)
                    printf("%4d",*(*p+j));
            printf("\n");
        }
    }
```

程序运行结果如图 7-14 所示。

图 7-14　程序运行结果

7.3.3　指针数组

元素类型均为指针的数组称为指针数组。也就是说，指针数组中的每个元素都将存放一个指针变量。

指针数组的一般声明格式如下：

<存储类型> <数据类型> *<数组名>[<数组长度>];

更为完整的声明格式如下：

<存储类型> <数据类型> *<数组名>[<数组长度>] = {初值列表};

由于［ ］的优先级比*高，因此数组名先与［数组长度］结合，形成数组的定义。*表示数组中的每个元素都是指针类型，"数据类型" 则用于指定指针的目标变量的数据类型。例如：

```
int *p1[10];    //不能写成 int (*p1)[10]，否则将变成指向一维数组的指针变量
char *p2[5];
```

再如：

```
char c[4][8]={"Fortran","COBOL","BASIC","Pascal"};
char *cp[4]={c[0],c[1],c[2],c[3]};
```

具体的指向关系如图 7-15 所示。

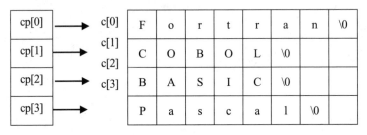

图 7-15 指针数组与二维数组的指向关系

又如：

```
char *str[5]={"int","long","char","float","double"};
int a[2][3];
int *p[2]={a[0],a[1]};
```

指针数组中的元素既是数组元素，又是指针。因此，当引用它们时，既要注意到它们的数组元素特征，也要注意到它们的指针特征。

字符指针数组与二维字符数组的比较：二维字符数组表示的字符串在存储时将占用一块连续的内存空间，但中间可能有很多空的存储单元，因为在定义二维字符数组时，需要指定列数为最长字符串的长度加 1，而实际上各个字符串的长度一般并不相等。字符指针数组表示的字符串在存储时占用的内存空间是分散的。

例如：

```
char c1[][6]={ "red", "green", "blue"};
char *c2[]={"red", "green", "blue"};
```

【例 7-8】要求输入 0、1、2、3、4、5、6、7、8、9、10、11 后，分别对应输出字符串 January、February、March、April、May、June、July、August、September、October、November、December。

```
#include <stdio.h>
void main()
{
    char *month [12]={ "January","February","March","April",
                "May","June","July", "August","September","October","November","December"};
    int month1;
    printf("Enter the No of month: ");
    scanf("%d",&month1);
    if (month1 >=0 && month1<=11)
        printf("No.%d    month -- %s\n", month1, month [month1]);
}
```

程序运行结果如图 7-16 所示。

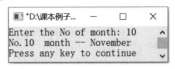

图 7-16　程序运行结果

7.4　指针与字符串

C 语言提供了基于指针变量实现字符串的方法。当把地址赋给指针变量时，指针的指向也将随之改变。因此，利用字符型指针变量进行字符串处理会更便捷。

1. 指向字符串的指针

定义一个字符指针，用它指向字符串的起始地址，就可以进行字符串的引用了。
字符指针的定义格式如下：

```
char * 指针变量名;                    //定义时没有进行初始化
char * 指针变量名 = 字符串常量;        //定义的同时进行初始化
```

可直接将字符串常量赋给字符型指针变量，格式如下：

```
char * 指针变量名;
指针变量名 = 字符串常量;
```

无论采用哪种方法，都只是把字符串常量在内存中的首地址赋给了指针，而不是把字符串赋给指针，指针只能表示地址。

在 C 语言中，访问字符串的方法有两种。

(1) 使用字符数组存放一个字符串，然后输出这个字符串。

【例 7-9】使用数组名输出字符串。

```c
#include <stdio.h>
void main()
{
    char str[]="program!";
    printf("%s\n",str);
}
```

程序运行结果如图 7-17 所示。

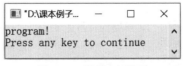

图 7-17　程序运行结果

说明：与前面介绍的数组特征一样，str 是数组名，代表的是字符数组的首地址，如图 7-18 所示。

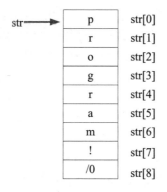

图 7-18　字符数组和字符串的关系

(2) 使用字符指针指向字符串。

【例 7-10】使用字符指针输出字符串。

```
#include <stdio.h>
void main()
{
    char *str;
    str="program!";
    printf("%s\n",str);
}
```

程序运行结果如图 7-19 所示。字符指针和字符串的关系如图 7-20 所示。

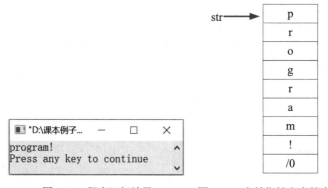

图 7-19　程序运行结果　　　图 7-20　字符指针和字符串的关系

【例 7-11】输出字符串中 n 个字符后的所有字符。

```
#include <stdio.h>
void main()
{
    char *ps="I love our country";
```

```
    int n=11;
    ps=ps+n;
    printf("%s\n",ps);
}
```

程序运行结果如图 7-21 所示。

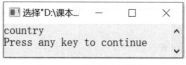

图 7-21 程序运行结果

2. 字符指针与字符数组的区别

使用字符数组存储字符串与使用字符指针指向字符串是有区别的，例如：

char *str="Programming";

与

char a[]="Programming";

它们的区别如下：

- str 是指针变量，可多次赋值；a 是数组名，表示地址常量，不能赋值，另外数组 a 的大小是固定的，已预先分配存储单元。
- 类型以及占用的存储单元大小不同。str 是指针，表示字符串的首地址；a 是数组，已根据字符串中字符元素的个数预先分配存储单元。
- 数组 a 中的元素可重新赋值，但我们不能通过 str 间接修改字符串常量的值，否则后果无法预料。

当使用字符数组和字符指针实现字符串的存储和运算时，应注意以下事项。

(1) 字符指针本身就是变量，用于存放字符串的首地址，字符串本身则存放在一块连续的内存空间中。字符数组由若干数组元素组成，可用来存放整个字符串。

(2) 对于如下字符指针方式：

char *ps="C Language";

可以写为：

char *ps;
ps="C Language";

但对于如下字符数组方式：

char st[]={"C Language"};

不能写为：

```
char st[20];
st={"C Language"};
```

对字符数组的各个元素只能逐个赋值。

(3) 对于指针变量来说，在尚未指定明确的地址之前使用是很危险的，容易引起错误，但是指针变量可以直接赋值。

7.5 指针与函数

7.5.1 将指针变量作为函数参数

C 语言在调用函数时，将采用值传递的方式把实参传递给形参。函数对参数所做的修改不会带回主调函数。但在编写程序时，函数经常需要将多个变量的修改结果返回给主调函数。如果以指针变量作为形参，就可以将地址的值传递给函数。于是，主调函数与被调函数之间的数据传递方法有以下几种：

- 在实参与形参之间传递数据。
- 被调函数通过 return 语句把函数值返回给主调函数。
- 通过全局变量交换数据。
- 利用指针在主调函数和被调函数之间传递数据。

将指针变量作为函数参数时，系统采用的是传统方式，特点是：共享内存，双向传递。

假设经常需要交换两个整型变量的值，为此，编写函数 swap，并通过调用 swap 函数来交换它们的值。由于操作中需要改变两个变量，显然不能靠返回值来实现(返回值只有一个)。不仔细考虑的话，有人可能会写出下面的函数定义：

```
#include <stdio.h>
void swap(int x, int y)
{
    int temp;
    temp=x;
    x=y;
    y=temp;
}

void main()
{
    int a=10,b=20;
    swap(a,b);
    printf("%d,%d\n",a,b);
}
```

执行后就会发现，变量 a 和 b 的值没有发生交换。失败的原因就在于 C 语言的参数机制：调用 swap 函数时，变量 a 和 b 的值被将传送给形参 x 和 y，虽然 swap 函数交换了 x 和 y 的值，但这并不影响实参 a 和 b。调用结束后，局部变量 x 和 y 被撤销，a 和 b 的值则没有任何变化。当调用 swap 函数时，形参与实参的关系如图 7-22 所示。

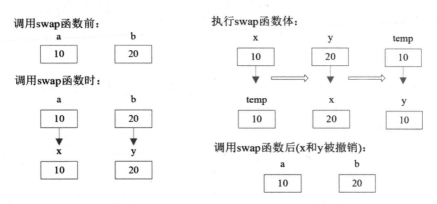

图 7-22 调用 swap 函数时，形参与实参的关系

利用指针机制可以解决上述问题：将变量 a 和 b 的地址通过指针传递给 swap 函数。

```
#include <stdio.h>
void swap(int *p1, int *p2)          //将变量 a 和 b 的地址赋给 p1 和 p2
{
    int temp;
    temp=*p1;
    *p1=*p2;                         //交换指针变量 p1 和 p2 指向的整型变量，也就是交换 a 和 b
    *p2=temp;
}
void main()
{
    int a=10,b=20;
    int *pointer_a,*pointer_b;       //定义指针变量
    pointer_a=&a; pointer_b=&b;      //使指针变量指向整型变量 a 和 b
    swap(pointer_a,pointer_b);       //实参为整型变量 a 和 b 的地址
    printf("%d,%d\n",a,b);
}
```

此时，swap 函数使用两个整型指针作为参数。需要交换的变量是 a 和 b，调用形式为 swap(pointer_a, pointer_b)。将指向 a 和 b 的指针变量 pointer_a、pointer_b 传递给 swap 函数的指针参数 p1 和 p2，然后在函数体中通过对 p1 和 p2 进行间接访问，就能交换 a 和 b 了。当调用 swap 函数时，形参与实参的关系如图 7-23 所示。

调用 swap 函数之前：

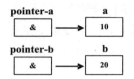

调用 swap 函数时：

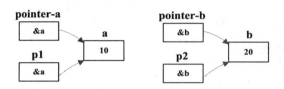

执行 swap 函数体时：

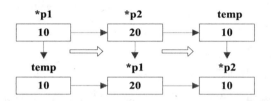

调用 swap 函数之后：

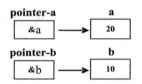

图 7-23　调用 swap 函数时，形参与实参的关系(使用了指针机制)

【例 7-12】输入三个整数 a、b、c，按大小顺序将它们输出。

```c
#include <stdio.h>
void swap(int *pt1,int *pt2)
{
    int temp;
    temp=*pt1;
    *pt1=*pt2;
    *pt2=temp;
}
void exchange(int *q1,int *q2,int *q3)
{
    if(*q1<*q2)
        swap(q1,q2);
    if(*q1<*q3)
        swap(q1,q3);
    if(*q2<*q3)
        swap(q2,q3);
}
void main()
```

```
    {
        int a,b,c,*p1,*p2,*p3;
        printf("输入：");
        scanf("%d,%d,%d",&a,&b,&c);
        p1=&a;
        p2=&b;
        p3=&c;
        exchange(p1,p2,p3);
        printf("输出：");
        printf("%d,%d,%d \n",a,b,c);
    }
```

程序运行结果如图 7-24 所示。

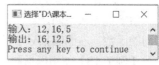

7.5.2　指向函数的指针变量

1. 函数指针的定义

图 7-24　程序运行结果

在 C 语言中，函数总是占用一块连续的内存区域，并且函数名与数组名具有类似的特性。数组名代表数组的首地址，函数名代表函数的起始地址(也就是函数的程序代码段在内存中占用的存储空间的首地址，又称函数的入口地址)。不同的函数有不同的入口地址，编译器通过函数名来索引函数的入口地址。

为了方便操作类型属性相同的函数，C 语言引入了函数指针(function pointer)。可以把函数的首地址(或入口地址)赋给指针变量，从而使指针变量指向函数，然后通过指针变量就可以找到并调用对应的函数。我们把这种指向函数的指针称为"函数指针"。

函数指针的定义形式如下：

数据类型名　(*函数指针名)( );

其中，"(*函数指针名)"表示已将变量名定义为函数的指针变量，空括号( )表示指针变量指向的是函数，"数据类型名"定义了函数的返回值类型。

例如：

```
int (*pf)();
```

上述语句定义了一个指向函数的指针变量，函数的返回值是整型。pf 用来存放函数的入口地址，在没有赋值前，pf 不会指向具体的函数。

2. 函数指针的初始化与使用

函数指针本身不提供独立的函数代码。在访问之前，函数指针需要初始化，函数名代表函数的入口地址。

函数指针的初始化形式有两种：一是直接赋值，二是使用取址运算符&进行赋值。格式如下：

```
函数指针名 = 函数名;
函数指针名 =&函数名;
```

当然，也可以在定义的同时进行初始化：

```
数据类型名 (*函数指针名)()= &函数名;
数据类型名 (*函数指针名)()= 函数名;
```

函数指针与变量指针的相同之处就在于它们都可以进行间接访问。变量指针指向内存的数据存储区，可通过间接存取运算访问目标变量；函数指针指向内存的程序代码存储区，可通过间接存取运算使程序流程转移到指针指向的函数，取出函数中的代码并执行，从而完成函数的调用。

使用函数指针变量调用函数的一般形式如下：

$$(*函数指针变量名)(实参表);$$

由于优先级不同，"*函数指针变量名"必须使用圆括号括起来，这表示间接调用指针变量指向的函数；右侧圆括号中的内容为传递给被调函数的实参表。

【例7-13】使用函数指针调用函数。

```
#include <stdio.h>
void main()
{
    int max(),a,b,c;          // 声明将要调用的目标函数 max
    int (*p)();               // 定义 p 为指向整型函数的指针变量
    p = max;                  // 使用指针变量存储函数的入口地址
    scanf("%d,%d",&a,&b);
    c=(*p)(a,b);              // 使用指针变量调用函数
    printf("max=%d\n",c);
}
int max(int x,int y)          // 函数名是函数的入口地址
    {
    if(x>y)
        return x;
    else
        return y;
    }
```

程序运行结果如图 7-25 所示。

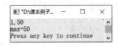

图 7-25　程序运行结果

上述代码首先定义了 max 函数和一个函数指针，然后将这个函数指针初始化为指向 max 函数，最后通过函数指针来调用函数。对于函数调用来说，使用函数名和使用函数指针的调用效果是一样的。

例如：

```
c=(*p)(a,b);
c=max(a,b);
```

7.5.3　返回指针值的函数

前面介绍过，函数类型指的是函数的返回值类型。C 语言允许函数的返回值是指针(也就是地址)，这种返回指针值的函数称为指针型函数。

返回指针值的函数的一般声明形式如下：

数据类型名　*函数名(参数表);

例如：

```
double *fa(int x, double y) ;
```

其中，函数名前面的*表示函数的返回值是指针类型，"数据类型名"用于指定指针指向的目标变量的类型。

说明：

(1) 指针型函数的返回值必须是与函数类型一致的指针。

(2) 返回值必须是外部或静态存储类别的变量指针或数组指针，以保证主调函数能正确使用数据。

注意：不要把返回指针值的函数的声明与指向函数的指针变量的声明混淆了，指向函数的指针变量和指针型函数在写法和意义上是有区别的。例如，int (*func)()和 int *func()就是两个完全不同的概念。

- int (*func)()是变量声明，func 是指向函数的指针变量，函数的返回值是整型，*func 两边的圆括号不能少。
- int *func()不是变量声明，而是函数声明，func 是指针型函数，返回值是指向整型变量的指针，*func 的两边没有圆括号。作为函数声明，在圆括号内最好写入形式参数，这便于与变量声明进行区别。对于指针型函数来说，int *func()只是函数的首部，一般还应该有函数体。

【例 7-14】用户输入月份数字(如 11)，程序输出对应的英文月名(如 November)。

```
#include <stdio.h>
char *month_name(int n);
void main(void)
{
int n;
    char *p;
    printf("Input a number of a month\n");
    scanf("%d",&n);
    p=month_name(n);
    printf("lt is %s\n",p);
}

char *month_name(int n)
{
```

```
static char *name[]={"illegalmonth","January","February","March","April", "May","June", "July",
                     "August","September","October","November","December"};
    if(n<1||n>12)
        return(name[0]);
    else
        return(name[n]);
}
```

程序运行结果如图 7-26 所示。

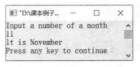

图 7-26　程序运行结果

在上述程序中，指针型函数 month_name 的返回值将指向一个字符串。函数 month_name 中定义了静态指针数组 name。name 数组在初始化时已被赋值为 13 个字符串，分别用来表示出错信息和 12 个英文月名。形参 n 表示与英文月名对应的整数。main 函数则把输入的整数 n 作为实参，调用 month_name 函数并把实参 n 的值传给形参 n。month_name 函数中的 return 语句包含了一个条件表达式，n 的值若大于 12 或小于 1，就把 name[0]指针返回给 main 函数，输出出错信息 It is illegal month，否则输出对应的英文月名。

【例 7-15】编写函数 match，功能是在字符串中查找某个字符。如果找到了，就返回这个字符第一次被找到时的位置，否则返回空指针 NULL。

```
#include <stdio.h>
char *match(char c, char *s)
{
    while(*s != '\0')
    {
        if(*s == c)
            return s;     // 返回指针
        else s++;
    }
    return 0;
}
void main()
{
    char *cp="ABCDEFGHIJK";
    printf("%s\n", match('B', cp));
    printf("%s\n", match('T', cp));
    printf("%s\n", match('a', cp));
}
```

程序运行结果如图 7-27 所示。

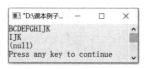

图 7-27　程序运行结果

上述程序定义了指针型函数 match，它的返回值将指向一个字符串。match 函数有两个形式参数，分别为字符型变量 c 以及指向字符串的指针 s。match 函数的功能是在 s 指向的字符串中查找字符 c，并且将字符 c 所在位置之后的字符串输出。在 main 函数中，第一条 printf 语句会将实参 B 传递给形参 c，并将实参指针 cp 传递给形参 s。系统将在 cp 指向的字符串中查找字符 B，并把 B 所在位置之后的字符串输出。main 函数中的另外两条 printf 语句的作用与第一条 printf 语句类似。

7.6　指向指针的指针

如果一个指针变量中存放的是另一个指针变量的地址，就称这个指针变量为指向指针的指针变量。

前面已经介绍过，通过指针访问变量的方式称为间接访问。指针由于直接指向变量，因此又称为"单级间接地址"。如果通过指向指针的指针来访问变量，将会构成"二级间接地址"。

指向指针的指针是多级间接地址的一种形式，如图 7-28 所示。

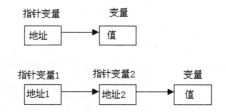

图 7-28　指针、指向指针的指针与变量的关系

指向指针的指针变量的定义形式如下：

数据类型名　**p;

其中的**表示指向指针的指针。
例如：

```
int a, *p=&a, **pp=&p;
```

具体的指向如图 7-29 所示。

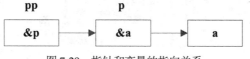

图 7-29　指针和变量的指向关系

我们在前面学习的指向二维数组的指针(如图 7-30 所示)就是指向指针的指针。例如:

```
char name[5][20];
char **p;
p=name;
```

从图 7-30 可以看出,name 是指针数组,其中的每一个元素都是指针,值为地址。数组名 name 代表了指针数组的首地址。name+i 是 name[i]的地址。p 的前面有两个*,等价于*(*p)。显然,*p 是指针变量的定义形式,如果没有最前面的那个*,就相当于定义指向字符数据的指针变量。现在,p 的前面有两个*,这表示指针变量 p 指向的是字符型指针变量。*p 就是 p 指向的另一个指针变量。

图 7-30　指向二维数组的指针

【例 7-16】通过指向指针的指针输出二维字符数组中的字符串。

```
#include <stdio.h>
void main()
{
    char *name[]={"Fotran","BASIC","Pascal","FORTRAN","Computer design"};
    char **p;
    int i;
    for(i=0;i<5;i++)
    {
        p=name+i;
        printf("%s\n",*p);
    }
}
```

程序运行结果如图 7-31 所示。

图 7-31　程序运行结果

在上述程序中，指针的指向如图 7-32 所示。

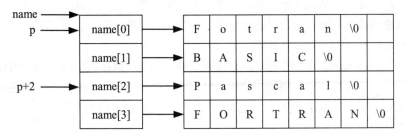

图 7-32　指向指针的指针和二维数组的关系

在定义和使用指向指针的指针变量时，应注意以下事项。

(1) 在定义多级指针变量时，需要使用多个间接运算符*，是几级指针变量，就使用几个*。例如：

```
int *p1, a;        //p1 是一级指针变量
int **p2;          //p2 是二级指针变量
int ***p3;         //p3 是三级指针变量
```

(2) 只有同一类型的同级指针变量才能相互赋值。例如：

```
p1 = &a;
p2 = &p1;
p3 = &p2;
```

(3) 当通过多级指针变量对最终对象进行赋值时，也必须使用相应个数的间接运算符*。例如：

```
a = 10;
*p1 = 10;
**p2 = 10;
***p3 = 10;
```

7.7　指针与动态内存分配

在 C 语言中，数组的长度必须在创建数组时指定，并且只能是常数，不能是变量。数组一旦定义，系统就将为数组分配固定大小的存储空间，而且以后不能再改变。但在很多情况下，我们并不能确定究竟需要使用多大的数组。

例如，如果想要对某班级的学生情况进行统计，那么需要建立数组来存储学生的信息，因为不知道学生人数，所以最好把数组定义得足够大，从而确保程序在运行时能够分配到足够大的内存空间。另外，即便知道学生人数，也强烈建议将数组定义得大一些，否则，当因为某种特殊原因导致学生人数增加或减少时，将不得不重新修改程序以扩大数组的存储范围。这种分配固定大小内存的方法称为静态内存分配。

静态内存分配存在比较严重的缺陷。例如，在大多数情况下会浪费大量的内存空间，而在少数情况下，当定义的数组不够大时，可能引起下标越界错误，导致严重后果。

C 语言能否在运行时决定数组的大小呢？回答是肯定的。C 语言通过支持动态内存分配解决了这一问题。

所谓动态内存分配，是指在程序执行过程中动态地分配或回收内存。动态内存分配不像数组使用的静态内存分配那样需要预先分配存储空间，而是由系统根据程序的需要即时分配，并且分配的大小就是程序要求的大小。通过以上比较，我们发现动态内存分配相对于静态内存分配具有如下特点：

- 不需要预先分配存储空间。
- 分配的存储空间可以根据程序的需要进行扩大或缩小。

当根据程序的需要动态分配存储空间时，经常用到的动态内存管理函数有 malloc、calloc 和 free。因为动态内存管理函数的原型定义在标准头文件<stdlib.h>中，所以需要在源文件的开头包含如下语句：

```
#include <stdlib.h>
```

1. malloc 函数

malloc 函数的原型如下：

```
void *malloc(unsigned int size)
```

malloc 函数的作用是从内存的动态存储区中分配长度为 size 的连续空间。malloc 函数的参数是一个无符号整型数，返回值是一个指针，用于指向所分配的连续存储空间的起始地址。需要注意的是，当未能成功分配存储空间(如内存不足)时，malloc 函数将会返回一个 NULL 指针。因此，当调用 malloc 函数时，你应该检测返回值是否为 NULL 并执行相应的操作。

【例7-17】动态内存分配举例。

```
#include <stdlib.h>
#include <stdio.h>
void main()
{
    int count,*array;                    //count是计数器，array是整型指针
    if((array=(int *)malloc(10*sizeof(int)))==NULL)
    {
        printf("未能成功分配存储空间。");
        exit(1);
    }
    for (count=0;count<10;count++)        //为数组赋值
        array[count]=count;
    for(count=0;count<10;count++)         //打印数组元素
        printf("%2d",array[count]);
    printf("\n");
}
```

程序运行结果如图 7-33 所示。

图 7-33　程序运行结果

上述程序动态分配了 10 个整数的连续存储空间，然后进行赋值并打印。if((array(int *) malloc(10*sizeof(int)))==NULL)语句的执行过程如下：

(1) 分配 10 个整数的连续存储空间，并返回一个指向起始地址的整型指针。

(2) 把这个整型指针赋给 array。

(3) 检测返回值是否为 NULL。

【例 7-18】使用 malloc 函数为字符串数据分配存储空间。

```c
#include <stdio.h>
#include <stdlib.h>
char count,*ptr,*p;
int main()
{
    ptr=(char *)malloc(30*sizeof(char));
    if(ptr==NULL)
    {
        puts("Memory allocation error. ");
        return(1);
    }
    p=ptr;
    for(count=65;count<91;count++)
        *p++=count;
    *p='\0';
    puts(ptr);
    return(0);
}
```

程序运行结果如图 7-34 所示。

图 7-34　程序运行结果

2. free 函数

由于内存空间总是有限的，不可能无限制地分配下去，因此我们要尽量节省资源。当分配的内存空间闲置时，就应释放它们，以便让其他的变量或程序使用。free 函数的作用就是释放内存资源。

free 函数的原型如下：

```
#include <stdlib.h>
void free(void *ptr);     //作用是释放 ptr 指向的内存空间
```

free 函数的参数 ptr 必须是先前调用 malloc 或 calloc 函数(另一个用于动态分配存储空间的函数)时返回的指针，给 free 函数传递其他的值很可能造成死机或其他灾难性后果。

注意：这里最重要的是指针的值，而不是用来申请动态内存的指针本身。例如：

```
int *p1, *p2;
p1=malloc(10*sizeof(int));
p2=p1;
…
free(p2)      //或 free(p2)
```

上述代码将 malloc 函数的返回值赋给 p1，又把 p1 的值赋给 p2，因此 p1 和 p2 都可以作为 free 函数的参数。

在进行动态内存分配时，应注意以下事项。

- 使用 sizeof 函数进行内存空间大小的计算。
- 在调用 malloc 函数后，一定要检查返回值。
- 结果在经过强制转换后才能赋值使用。
- 得到的内存空间在使用时不允许越界。
- 内存分配成功后，关于存储块的管理，系统完全不进行检查。
- 动态存储块的生命周期从分配成功就开始了，只有在使用 free 函数释放后，才会导致动态存储块的生命周期结束。

7.8 本章小结

(1) 指针编程是 C 语言十分重要的编程风格之一。利用指针变量可以表示各种数据结构，这使我们能够十分方便地使用数组和字符串，并使我们能够像汇编语言一样处理内存地址，从而使编写的程序更加高效。指针极大地丰富了 C 语言的功能。

(2) 能够赋给指针的唯一整数是 0，值为 0 的指针不指向任何内存空间，是空指针。

(3) 取值运算符*返回的是指针所指向对象的值。

(4) 可以通过加法运算将指针与整数相加，但这种加法的规则和普通加法的规则不同。这种特殊的加法是将整数与指针所指类型占用的字节数相乘，然后将结果与指针指向的内存单元的地址相加。

(5) 在 C 语言中，指针和数组之间关系密切，C 语言允许以指针作为媒介，从而方便你完成对数组元素的各种操作。

(6) 为若干指针变量统一起一个名字，然后用下标(一个或两个)对它们加以区分，这样便构成了所谓的"指针型数组"，简称"指针数组"。

(7) 两个指针变量能够进行有效减法运算的前提条件是：这两个指针变量指向同一个数组。指向不同数组的指针变量也可以做减法运算，但这样做是没有意义的，并且有可能导致运行时错误。

(8) 字符指针本身就是变量，用于存放字符串的首地址，字符串本身则存放在一块连续的内存空间中。字符数组由若干数组元素组成，可用来存放整个字符串。

(9) 动态内存分配是指在程序执行过程中动态地分配或回收内存空间。

7.9 编程经验

(1) 在操作数组时，应尽量使用下标法而不是指针法，尽管在编译程序时需要多花一点时间，但是程序会更清晰。

(2) 在使用函数之前，最好检查一下函数的原型，以确定函数是否能够修改传递过来的值。

(3) 在指针变量名中最好包含字符 P，因为这样有助于我们判断出这是指针变量。

(4) 传值调用只能修改调用函数中的一个值。为了在调用函数中修改多个值，必须使用传址调用(传递指针)。

(5) 对于内存的分配和释放来说，顺序正好相反。

(6) 为了实现代码的可移植性，可以使用 sizeof 运算符来帮助程序确定最终需要分配的内存大小。

(7) 不能对指向单一数据的指针进行算术运算。

(8) 对两个不指向同一数组的指针进行比较或减法运算是没有任何意义的。

(9) 不能对两个不同类型的非空指针进行赋值运算。

7.10 本章习题

1. 分析*在定义指针变量和引用指针变量时有什么区别？

2. 举例说明指针变量可以进行哪些运算。

3. 指向数组的指针和指向数组元素的指针有什么区别？数组名和指针变量名有什么区别？

4. 阅读如下程序。

```
(1)        #include <stdio.h>
           void swap(int *a,int *b)
           {
               int *t;
               t=a;
               a=b;
```

```
            b=t;
        }
        void main()
        {
            int x=3, y=5, *p=&x, *q=&y;
            swap(p, q);
            printf("%d%d\n", *p,*q);
        }
```

程序运行后输出的结果是(   )。

(2)
```
        #include <stdio.h>
        void fun(char *c,int d)
        {
            *c=*c+1;
            d=d+1;
            printf("%c,%c,",*c,d);
        }
        void main()
        {
            char a='A', b='a';
            fun(&b, a);
            printf("%c,%c\n",a,b);
        }
```

程序运行后输出的结果是(   )。

(3)
```
#include <stdio.h>
#include <string.h>
char *scmp(char *s1, char *s2)
{
    if(strcmp(s1,s2)<0)
        return(s1);
    else
        return(s2);
}
void main()
{
    int i;
    char string[20], str[3][20];
    for(i=0;i<3;i++)
    {
        gets(str[i]);
    }
    strcpy(string,scmp(str[0],str[1]));    // 库函数 strcpy 用于对字符串进行复制
    strcpy(string,scmp(string,str[2]));
```

```
    printf("%s\n",string);
}
```

若运行时依次输入 abcd、abba 和 abc 三个字符串，则输出结果是(　　)。

(4) 在运行以下程序后，输入"3,abcde<回车>"，输出结果是(　　)。

```
#include <stdio.h>
#include <string.h>
void move(char *str, int n)
{
    char temp;
    int i;
    temp=str[n-1];
    for(i=n-1;i>0;i--)
    {
        str[i]=str[i-1];
    }
    str[0]=temp;
}
void main()
{
    char s[50];
    int n, i, z;
    scanf("%d,%s",&n,s);
    z=strlen(s);
    for(i=1; i<=n; i++)
    {
        move(s, z);
    }
    printf("%s\n",s);
}
```

(5)　　#include <stdio.h>
　　　void f(int *x,int *y)
　　　{
　　　　int t;
　　　　t=*x;
　　　　*x=*y;
　　　　*y=t;
　　　}
　　　void main()
　　　{
　　　　int a[8]={1,2,3,4,5,6,7,8},i,*p,*q;
　　　　p=a;
　　　　q=&a[7];

```
        while(p<q)
        {
           f(p,q);
           p++;
           q--;
        }
        for(i=0;i<8;i++)
           printf("%d ",a[i]);
        printf("\n");
    }
```

程序运行后输出的结果是(   )。

5. 输入一个字符串，统计输出这个字符串中的字母个数和数字个数。

6. 输入一个数组，将其中最大的数组元素与第一个元素交换，而将其中最小的数组元素与最后一个元素交换，最后输出这个数组。

7. n 个人围成一圈，顺序排号。从第一个人开始报数(从 1 到 3 报数)，凡报到 3 的人退出，问最后留下来的人是原来的几号。

8. 编写函数 StringReverse。StringReverse 函数有两个参数：一个是源字符串，另一个是目标字符串。StringReverse 函数要做的就是将源字符串中的字符以逆序形式复制到目标字符串中。

9. 选择题

(1) 以下程序段中，完全正确的是____。

    (A) int *p; scanf("%d", &p);

    (B) int *p; scanf("%d", p);

    (C) int k, *p=&k; scanf("%d", p);

    (D) int k, *p; *p=&k; scanf("%d", p);

(2) 阅读以下程序。

```
        #include <stdio.h>
        void main()
        {
            int a,b,k,m,*p1,*p2;
            k=1, m=8;
            p1=&k, p2=&m;
            a=/*p1-m; b=*p1+*p2+6;
            printf("%d ",a); printf("%d\n",b);
        }
```

上述程序在编译时，编译器提示有错误，出错的语句是____。

    (A) a=/*p1-m;

    (B) b=*p1+*p2+6;

    (C) k=1, m=8;

    (D) p1=&k, p2=&m;

(3) 假设存在如下定义语句：double a, *p=&a;。以下叙述中错误的是____。

    (A) 定义语句中的*是取址运算符。

    (B) 定义语句中的*只是声明符。

    (C) 定义语句中的 p 只能存放 double 型变量的地址。

    (D) 定义语句中的*p=&a 将把变量 a 的地址作为初值赋给指针变量 p。

(4) 阅读以下程序：

```
#include <stdio.h>
void main()
{
    int m=1, n=2, *p=&m, *q=&n, *r;
    r=p; p=q; q=r;
    printf("%d,%d,%d,%d\n", m,n,*p,*q);
}
```

程序运行后输出的结果是____。

    (A) 1,2,1,2

    (B) 1,2,2,1

    (C) 2,1,2,1

    (D) 2,1,1,2

(5) 阅读以下程序：

```
#include <stdio.h>
void fun(int *p)
{
    printf("%d\n", p[5]);
}
void main()
{
    int a[10]={1,2,3,4,5,6,7,8,9,10};
    fun(&a[3]);
}
```

程序运行后输出的结果是____。

    (A) 5

    (B) 6

    (C) 8

    (D) 9

(6) 阅读以下程序：

```
#include <stdio.h>
void main()
{
```

```
        int n, *p=NULL;
        *p=&n;
        printf("Input n:"); scanf("%d", &p);
        printf("Output n:"); printf("%d\n", p);
    }
```

上述程序试图通过指针 p 为变量 n 读入并输出数据，但代码中存在多处错误，以下语句中正确的是____。

    (A) int n, *p=NULL;

    (B) *p=&n;

    (C) scanf("%d", &p);

    (D) printf("%d\n", p);

  (7) 阅读以下程序：

```
#include <stdio.h>
void fun(int *s, int n1, int n2)
{
    int i,j,t;
    i=n1; j=n2;
    while(i<j)
    {
        t=s[i]; s[i]=s[j]; s[j]=t;
        i++; j--;
    }
}
void main()
{
    int a[10]={1,2,3,4,5,6,7,8,9,0}, k;
    fun(a,0,3); fun(a,4,9); fun(a,0,9);
    for(k=0; k<10; k++)
        printf("%d", a[k]);
    printf("\n");
}
```

程序运行后输出的结果是____。

    (A) 0987654321

    (B) 4321098765

    (C) 5678901234

    (D) 0987651234

(8) 假设存在如下定义语句：double x[10], *p=x;。以下能为数组 x 中下标为 6 的元素读入数据的正确语句是____。

  (A) scanf("%f", &x[6]);

  (B) scanf("%lf", *(x+6));

  (C) scanf("%lf", p+6);

  (D) scanf("%lf", p[6]);

(9) 阅读以下程序：

```
#include <stdio.h>
int f(int t[], int n);
void main()
{
    int a[4]={1,2,3,4}, s;
    s=f(a,4);printf("%d\n",s);
}
int f(int t[], int n)
{
    if(n>0)
        return t[n-1]+f(t,n-1);
    else return 0;
}
```

程序运行后输出的结果是____。

  (A) 4

  (B) 10

  (C) 14

  (D) 6

(10) 阅读以下程序：

```
#include <stdio.h>
void swap(char *x, char *y)
{
    char t;
    t=*x;
    *x=*y;
    *y=t;
}
void main()
{
    char str1[]="abc", str2[]="123";
    char *s1=str1, *s2=str2;
    swap(s1,s2); printf("%s,%s\n", s1,s2);
}
```

程序运行后输出的结果是____。

(A) 321,cba   (B) abc,123

(C) 123,abc   (D) 1bc,a23

❧ 第8章 ❧
结构体与共用体

本章概览

在前面的章节中，我们学习了 C 语言中的基本数据类型以及它们的定义和使用方式，从而使编程变得简单了一些。我们随后又学习了数组，数组能方便我们对复杂的数据进行描述。但是，仅仅使用学过的这些数据类型来处理数据是远远不够的。基本数据类型只能处理单个数据，而当使用数组处理多个数据时，要求数据是同一类型。在实际应用中，会有很多数据，它们的类型不同，但却需要集中起来定义和使用。例如，当建立学生档案管理系统时，每个学生都有姓名、年龄、身高、体重等一系列信息，这些信息的数据类型并不相同，因而使用之前学过的数据类型根本没有办法描述它们。本章将介绍 C 语言中的一些更复杂的数据类型——结构体、共用体和枚举，这些数据类型具有更强的表现能力。

知识框架

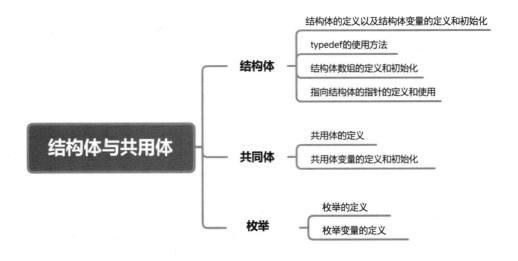

8.1 结构体

8.1.1 结构体的定义

现实生活中的很多数据是以记录的形式来表现的,例如表 8-1 所示的职工工资表。

表 8-1 职工工资表 (单位:元)

职工编号	姓名	基本工资	津贴	奖金	实发工资
001	李良	1500	400	200	2100
002	吴文英	1500	200	100	1800
003	姚奇	2000	800	300	3100
…	…	…	…	…	…

在表 8-1 中,每一行表示一名职工的相关工资信息,又称为记录。在进行信息处理时,是以记录为单位进行的,而每一条记录中的信息既有整型数据,也有字符型数据。如果使用之前介绍的数据类型,是无法将这些信息存储到同一对象中的。C 语言提供了将多个不同类型的数据组合到一起的方法——结构体。

结构体是一种复合的数据类型,结构体内的所有数据可作为整体进行处理。同数组类似,结构体也是若干相关数据的集合,但与数组不同的是:数组中的所有元素必须是同一类型,而结构体中的数据可以是不同的类型。

结构体的一般定义格式如下:

```
struct <结构类型名>
{
    类型    成员变量名 1;
    类型    成员变量名 2;
    …
};
```

例如:

```
struct student        //定义 student 结构体
{
    long int num;
    char name[20];
    float score;
};
```

定义结构体时,应注意以下事项。

(1) 结构体的成员可以是任何基本数据类型的变量,如 int、char、float 和 double 型变量等。结构体成员的类型可以相同,也可以不同。结构体成员的数量和大小必须是确定的,结构体不能随意改变大小。

(2) 结构体成员也可以是数组或指针类型的变量。

例如：

```
struct clist          //定义 clist 结构体
{
    int count[10] ;
    char *first;
    char *last;
};
```

(3) 结构体可以嵌套定义。

例如：

```
struct card                  //定义 card 结构体
{
    char name[30] ;          //姓名
    char sex;                //性别
    char nationality[20] ;   //国籍
    struct date              //嵌套定义 date 结构体，用于存储学生的出生日期
    {
        int year,month,day;
    } birthday;
    char *p_addr;            //通信地址
    struct date signed_date; //注册日期
    long int number;         //学号
    char *office;            //办公室
};
```

还可以采用如下形式对各个结构体进行单独定义。

```
struct date                  //定义 date 结构体，用于存储学生的出生日期
{
    int year,month,day;
};
struct card
{
    char name[30];
    char sex;
    char nationality[20];
    struct date    birthday;
    char *p_addr;
    struct date    signed_date;
    long int number;
    char *office;
};
```

(4) 不允许递归结构体的定义。换言之，结构体的成员中不能再有类型为同一结构体的变量。

例如，下面的结构体定义是非法的：

```
struct wrong
{
    char name[5];
    int count;
    struct wrong    a;
    struct wrong    b;
};
```

(5) C 语言不支持动态的结构体类型。

(6) 在同一结构体中，成员的名称不能相同。

例如，下面的结构体定义是非法的：

```
struct A
{
    int n;
    char n;
};
```

(7) 结构体中可以出现当前结构体的名称，从而声明一个指针以指向结构体变量。

例如：

```
struct A
{
    int n;
    A* p;
};
```

使用上述代码可以形成复杂的链表结构。

但是，在结构体的声明中，不能使用当前结构体的名称声明成员变量。换言之，结构体中不能包含自身的实例，这称为结构体的递归声明。在对结构体进行声明时，不允许出现结构体的直接递归或间接递归。

例如：

```
struct A
{
    int n;
    A a;
};
```

上面的结构体定义是非法的。

8.1.2　结构体变量的定义、初始化和引用

1. 结构体变量的定义

定义了结构体之后，仅仅表明这种数据类型的存在，因而并不占用任何内存空间(例如，int 不是变量，而是一种数据类型，因而不占用内存空间)。只有在声明了具有这种数据类型的变量之后，系统才相应地分配存储空间。

结构体变量的定义方法有三种。下面以之前定义的 student 结构体为例进行说明。

(1) 先定义结构体，再声明结构体变量。

格式如下：

```
struct  结构体名

     成员列表;
};
struct  结构体名  变量名列表;
```

例如：

```
struct student
{
     int ID;
     char name[20];
     char sex;
     float score;
};
struct student s1,s2;
```

在上述示例中，声明的变量 s1 和 s2 为 student 结构体类型。另外，也可以在宏定义中使用符号常量来表示结构体类型。

例如：

```
#define STU struct student
STU
{
     int ID;
     char name[20];
     char sex;
     float score;
};
STU s1,s2;
```

(2) 在定义结构体的同时声明结构体变量。

格式如下：

```
struct  结构体名
```

```
    {
        成员列表;
    }变量名列表;
```

例如:

```
    struct    student
    {
        int ID;
        char name[20];
        char sex;
        float score;
    }s1,s2;
```

(3) 直接声明结构体变量。

格式如下:

```
    struct
    {
        成员列表;
    }变量名列表;
```

例如:

```
    struct
    {
        int ID;
        char name[20];
        char sex;
        float score;
    }s1,s2;
```

上面的第三种方法与第二种方法的区别在于: 第三种方法省略了结构体名并直接给出结构体变量。使用以上三种方法声明的变量 s1 和 s2 都具有图 8-1 所示的结构。

ID	name	sex	sore

图 8-1 变量 s1 和 s2 的结构

在声明了变量 s1 和 s2 为 STU 结构体类型后,即可向这两个变量中的各个成员赋值。在上述 STU 结构体的定义中,所有的成员都是基本数据类型或数组类型。

注意:

- 结构体与结构体变量不同,结构体不能赋值、存取、运算,但结构体变量可以。另外,结构体作为类型不需要分配空间,但结构体变量需要分配空间。
- 结构体变量中的成员可以单独使用,作用与地位相当于普通变量。
- 结构体中的成员也可以是结构体。例如:

```
struct date
{
```

```
        int month;
        int day;
        int year;
    };
    struct
    {
        int ID;
        char name[20];
        char sex;
        struct date    birthday;
        float score;
    }s1,s2;
```

上述示例定义的结构体 date 由 month(月)、day(日)、year(年)三个成员组成。在定义并声明变量 s1 和 s2 时，其中的成员 birthday 被声明为 date 结构体类型。成员名可与程序中的其他变量同名，互不干扰。student 结构体的定义如图 8-2 所示。

ID	name	sex	birthday			score
			month	day	year	

图 8-2 student 结构体的定义

2. 结构体变量的初始化

对结构体变量进行初始化的一般形式如下：

结构体类型 结构体变量名＝｛ 初值表 ｝；

初始化描述中的初值将按顺序提供给结构体变量的各个基本成员，初始化表达式只能是可静态求值的表达式。给出的初始化数据必须与结构体成员的类型一致，并且数据个数不得多于结构体成员的数量。如果提供的数据不够，那么与数组中的规定一样，其余的结构体成员将自动用 0 进行初始化。

如果在定义时没有提供初值，那么系统对结构体变量采用的处理方式与其他变量一样。全局变量用 0 进行初始化，自动变量不进行初始化，各结构体成员的状态也不确定。

(1) 在定义结构体类型后，在定义结构体变量的同时进行初始化。

例如：

```
struct student
{
    int ID;
    char name[20];
    char sex;
    float score;
};
struct student s1＝ { 9911, 'Zhanghua', 'F',92};
```

请注意结构体成员的初始化顺序。例如，下面的初始化语句是错误的：

```
struct student s1＝ { 9911, 'F',92};
```

(2) 在定义结构体的同时定义结构体变量并进行初始化。
例如：

```
struct date
{
    int year, month, day;
};
struct student
{
    char num[8], name[20], sex;
    struct date   birthday;
    float score;
}a={"9606011","Li ming",'M',{1977,12,9},83}, b={"9608025","Zhang liming",'F',{1978,5,10},87},c;
```

3. 结构体变量的引用

在对结构体变量进行引用时，往往不把结构体变量作为整体对待，结构体成员的赋值、输入、运算、输出等，都是通过结构体变量的成员来实现的。结构体变量的成员的一般引用方式如下：

<结构体变量名>.<成员名>

其中的.是结构体成员运算符，结构体可通过结构体成员运算符(.)引用结构体成员。
例如：

```
int a=101;
s1.ID=a;
s1.sex='F';
s1. birthday.day=20;
```

注意：
(1) C 语言是按照结构体定义中成员的先后顺序来分配存储空间的。
(2) 结构体变量的成员可以像普通的同类型变量那样进行各种运算和操作。
(3) 对结构体变量的成员的引用，不同于引用普通的变量：不能直接使用成员名，而应采取"从整体到局部"的渐进方式，先指明是哪个结构体变量，再通过结构体成员运算符(.)指定想要引用的成员。
例如：

```
struct student s;
scanf("%s",s.name);    //输入姓名
scanf("%f",&s.score);    //输入成绩
printf("姓名%s，成绩%f",s.name,s.jbgz);    //输出姓名和成绩
```

(4) 如果两个结构体变量是同一结构体类型，那么可以将其中一个结构体变量整体赋值给另一个结构体变量。例如：

```
struct A
{
    int n;
    float m;
}a1,a2;
a1=a2;
```

【例 8-1】定义 student 结构体。

```
#include <stdio.h>
void main()
{
    struct student        //定义 student 结构体
    {
        int num;
        char *name;
        char sex;
        float score;
    } s1={102,"Zhang ping",'M',78.5};
    printf("Sex=%c\nScore=%f\n",s1.sex,s1.score);
}
```

程序运行结果如图 8-3 所示。

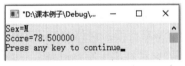

图 8-3　程序运行结果

8.1.3　typedef 的使用方法

在引用结构体时，定义若过于麻烦，在程序中就容易引发定义错误。例如：

```
void main()
{
struct student s;  //正确定义
student a;          //错误定义
}
```

能否像定义简单变量那样定义数据类型呢？C 语言支持自定义数据类型，从而允许程序员使用 typedef 关键字定义新的数据类型。

typedef 语句(类型声明语句)的功能是利用已有的数据类型定义新的数据类型，格式如下：

　　　　typedef 数据类型或数据类型名 新数据类型的名称

例如：

```
typedef int INTEGER;        //定义 int 类型的别名为 INTEGER
typedef float REAL;         //定义 float 类型的别名为 REAL
typedef struct student STU; //定义 student 结构体的别名为 STU
```

有了以上定义之后，就可以使用下面的方法进行变量的定义了：

```
INTEGER a,b,c;              //定义 a、b、c 为 int 型变量
REAL f1,f2;                 //定义 f1、f2 为 float 型变量
STU s;                      //定义 s 为 student 结构体变量
```

也可以在定义结构体时就自定义数据类型。例如：

```
typedef struct
{
    char department[11];    // 工作部门
    char name[9];           // 姓名
    int position;           // 职务
        …
} SALARY;
```

这里通过 typedef 将结构体定义成了新的数据类型 SALARY，以后就可以像普通的数据类型那样使用 SALARY 数据类型了。例如：

```
SALARY S1,S2;
```

说明：

① typedef 没有创建新的数据类型，而只是为已有的数据类型添加了类型别名。

② typedef 只能定义类型，不能定义变量。

③ typedef 并不进行简单的字符串替换，它与#define 的作用不同。

④ 使用 typedef 定义的类型别名往往用大写字母表示，以便与系统提供的标准类型名进行区别。

⑤ 利用 typedef 定义类型别名有利于程序的移植，并且还能增强程序的可读性。

8.1.4 结构体数组

数组中的元素也可以是结构体类型，从而构成结构体数组。结构体数组的每一个元素都是具有相同结构体类型的下标结构体变量。因此，结构体数组既具有结构体的特点，也具有数组的特点。

(1) 既可以先定义结构体类型，再声明结构体数组，也可以在定义结构体类型的同时声明结构体数组。

例如：

```
struct A                      struct A
{                             {
 int n;                        int n;
 float m;                      float m;
};                            }a[2];
struct A a[2];
```

(2) 结构体数组中的元素可由下标区分，它们都是结构体变量。

(3) 结构体数组中的元素可通过成员运算符引用其中的每一个结构体成员。

结构体数组在被声明之后，系统就会在内存中为其开辟一块连续的存储区域以存放其中的元素，结构体数组名就是这块存储区域的起始地址。结构体数组在内存中的存放，仍然按照元素的顺序进行排列，每一个元素占用的字节数，就是这种结构体类型所需的字节数，处理方式与普通数组是完全相同的。

(4) 对于结构体数组来说，可以把一个数组元素赋予另一个数组元素，从而实现结构体变量之间的整体赋值。例如：

```
a[0]＝a[1];
```

(5) 对于结构体数组来说，可以单独地把其中一个元素的成员赋给另一个元素的对应成员，但前提是它们具有相同的类型。例如：

```
a[0].n＝a[1].n;
```

(6) 结构体数组可以初始化，格式有两种。

第一种格式如下：

```
struct 结构体名
{
    成员表;
}数组名[大小]＝{初值表};
```

例如：

```
struct
 {
   int ID;
   char name[20];
   char sex;
   float score;
   }s[4]={ {100, "zhang hua","F",70.5},
   {101, "li hua","M",80},
   {102, "zhang bin","M",90},
   {103, "wang hua","F",85.5}
 };
```

第二种格式如下：

```
struct 结构体名
  {
     成员表;
  };
struct 结构体名 数组名[大小]＝{初值表};
```

在定义结构体数组时，元素个数可以不指定。在编译时，系统会根据给出的初值个数来确定数组元素的个数。

例如：

```
struct student
    {
       int ID;
       char name[20];
       char sex;
       float score;
    };
struct student s[]={ {100, "zhang hua","F",70.5}, {101, "li hua","M",80},
                {102, "zhang bin","M",90},{103, "wang hua","F",85.5}};
```

【例 8-2】输入某班级 26 名学生的姓名以及数学和英语成绩，计算并输出每一名学生的平均成绩。

```
#include <stdio.h>
struct student
{
        char name[10];
        int math, english;
        float aver;
};
void main( )
{
    struct student s[26];
        int i;
        for(i=0; i<26; i++)
        {
            scanf("%s%d%d", s[i].name, &s[i].math, &s[i].english);
            s[i].aver = (s[i].math+s[i].english)/2.0;
            printf("学生%s 的平均成绩为%f", s[i].name, s[i].aver);
        }
}
```

【例 8-3】统计候选人选票。

```
#include <stdio.h>
struct person
{
        char name[20];
        int count;
}leader[3]={"Li",0,"Zhang",0,"Wang",0};
void main()
{
        int i,j;
```

```
    char leader_name[20];
    for(i=1;i<=10;i++)
    {
scanf("%s",leader_name);
      for(j=0;j<3;j++)
          if(strcmp(leader_name,leader[j].name)==0)
      leader[j].count++;
    }
    printf("\n");
    for(i=0;i<3;i++)
        printf("%5s:%d\n",leader[i].name,leader[i].count);
}
```

程序运行结果如图 8-4 所示。

图 8-4　程序运行结果

8.1.5　指向结构体变量的指针

结构体变量在被声明之后，即可从内存中获取系统为之分配的一块存储区域，这块存储区域的起始地址就是结构体变量的地址(指针)。如果声明一个使用这种结构体类型的指针变量，并把结构体变量的地址赋给它，这个指针就将指向结构体变量。

定义结构体指针变量的一般形式如下：

struct 结构体名 *指针变量名;

例如：

struct student *p;

在 C 语言中，还有一种借助指针变量来访问结构体变量成员的方法，也就是使用指向成员运算符->。格式如下：

指针变量名->结构体成员名

如此一来，访问结构体变量成员就有了以下三种等价形式。

(1) 直接利用结构体变量名，形式如下：

结构变量名.成员名

(2) 利用指向结构体变量的指针和指针运算符*，形式如下：

(*指针变量名).成员名

(3) 利用指向结构体变量的指针和指向成员运算符->，形式如下：

指针变量名->成员名

【例8-4】利用指向结构体变量的指针输出结构体中的成员。

```
#include <stdio.h>
#include <string.h>
struct A
{ int a; char b[10]; double c;};
void f(struct A *t);
void main()
{    struct A a={1001,"ZhangDa",1098.0};
     f(&a);printf("%d,%s,%6.1f\n",a.a,a.b,a.c);
}
void f(struct A *t)
{ strcpy(t->b,"ChangRong");
```

程序运行结果如图 8-5 所示。

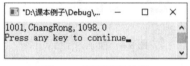

图 8-5　程序运行结果

8.2　共用体

为了描述逻辑上相关但数据类型不同的一组分量，C 语言提供了共用体。共同体和结构体之间最大的区别是：结构体变量的每一个成员都拥有各自的存储区域，而共用体变量的所有成员共用一块存储区域。共用体是一种身份可变的数据类型，使你能够在不同的时间，选择在同一存储单元中存储不同类型的变量。

8.2.1　共用体的定义

共用体的定义格式如下：

```
union <共用体名>
{
  <成员列表>;
};
```

例如：

```
union data
{
    int i;
    char ch;
    float f;
    double d;
};
```

以上示例定义的名为 data 的共用体包含四个使用不同数据类型的成员。这个共用体在内存中的存储形式如图 8-6 所示，其中的每一个方块表示 1 字节的存储空间。

当定义共用体变量时，系统将按共用体内最大成员所需的空间为共用体变量分配内存。如图 8-6 所示，系统按 double 类型为共用体变量分配 8 字节的存储空间。

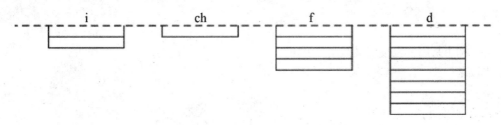

图 8-6　共用体在内存中的存储形式

8.2.2　共用体变量的定义和初始化

与结构体一样，在定义了共用体之后，仅仅表明这种数据类型的存在，因而并不占用任何内存空间。只有在声明了具有这种数据类型的变量之后，系统才相应地分配存储空间。

共用体变量的定义方法有三种。下面以之前定义的 data 共用体为例进行说明。

(1) 先定义共用体，再声明共用体变量。

格式如下：

```
union 共用体名
{
    成员列表;
};
```

例如：

```
union data
{
    int   i;
    char ch;
    float f;
};
union data x,y;
```

(2) 在定义共用体的同时定义共用体变量。

格式如下:

```
union  共用体名
{
      成员列表;
 }共用体变量名列表;
```

例如:

```
union data
{
    int i;
    char ch;
    float f;
}x,y;
```

(3) 利用共用体直接定义共用体变量。

例如:

```
union
{
    int i;
    char ch;
    float f;
}x,y;
```

以下三种访问共用体变量成员的方法是等价的:

- 共用体变量名.成员名
- (*p).成员名
- p->成员名

注意:

(1) 由于共用体变量的若干成员共同使用同一块存储区域,而这些成员的类型可以完全不同,因此共用体变量在某一时刻起作用的是最后一次被赋值的那个成员。

(2) 共用体变量的定义形式与结构体变量十分相似,但它们的含义是不同的。共用体变量其实是一个单独的变量,共同体变量的各个成员占用的是同一块内存空间,因此共用体变量的大小由其中所需存储空间最大的那个成员决定,并且内存边界需要满足对边界限制最为苛刻的那个成员的要求。也就是说,共用体变量可以在不同的时间内维持不同类型和长度的对象,但共用体变量中所有成员的存储单元是相互覆盖的,它们的起始地址是相同的。

共用体变量的成员可以使用上述简单类型,也可以使用数组、结构体等复杂类型。例如:

```
union header
{
    struct
```

```
            {
                        union header * hp;
                        unsigned size;
                        }s;
                int x;
        }base;
```

【例 8-5】 共用体举例。

```
#include <stdio.h>
union u
{
        char u1;
        int u2;
};
void main( )
{
        union u    a={0x9843};
        printf("1. %c %x\n",a.u1,a.u2);
        a.u1='b';
        printf("2. %c %x\n",a.u1,a.u2);
}
```

程序运行结果如图 8-7 所示。

共用体变量在定义时只能对第一个成员进行赋值。在上述示例中，由于第一个成员是字符型，占用 1 字节空间，因此对于初值 0x9843 仅接收 0x43，高字节部分被截除。

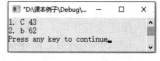

图 8-7　程序运行结果

【例 8-6】 将一个整数按字节进行输出。

```
#include <stdio.h>
void main()
{
    union int_char
    {
        int i;
        char ch[2];
    }x;
    x.i=24897;
    printf("i=%o\n",x.i);
    printf("ch0=%o,ch1=%o\nch0=%c,ch1=%c\n",x.ch[0],x.ch[1],x.ch[0],x.ch[1]);
}
```

程序运行结果如图 8-8 所示。

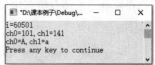

图 8-8　程序运行结果

8.3 枚举

当需要定义一些具有一定赋值范围的变量(如星期、月份等)时，可以使用枚举类型。枚举是这样一种数据类型：数据都有固定的范围(如一年只有 12 个月)，并且可以使用有限数量的常量来描述。枚举能将这些数量有限的常数一一列举出来，从而给定具体的取值范围。枚举的定义格式如下：

```
enum <枚举名>
{
        标识符 1 [=整型常数 1],
        标识符 2 [=整型常数 2],
        …
};
```

需要特别注意的是：在枚举中，每个成员(标识符)的结束符是,而不是;，最后一个成员可以省略结束符。枚举在定义之后，枚举中的标识符将在程序中代表相应的整型常数。在枚举的定义中，整型常数可以省略，省略后，默认对应的整型常数是 0、1、2、…。

例如，表示颜色的枚举 color 可如下定义：

```
enum color
{
    red, green, blue, yellow, white
};
```

在定义枚举时，可以更改所列标识符对应的整型常数。

枚举变量的定义形式如下：

```
enum  枚举名  变量名 1, 变量名 2, …;
```

例如：

```
enum color select, change, *cp;
```

在定义枚举变量时，还可采用默认枚举名的形式：

```
enum {pen，pencil，book，notebook} learning;
```

C 语言允许定义枚举数组，例如：

```
enum month {
        January，February，March，April，May，June，July，
        Augest，September，October，November，December };
enum month months[12];
```

在使用枚举变量时，请注意以下事项。

(1) 枚举变量的取值范围仅限于枚举定义中所列的标识符。

例如：

```
enum color { red, green, blue, yellow, white};
enum color select, change, *cp;
```

枚举变量 select 和 change 只能赋值为 color 枚举中的 5 种颜色之一：

```
select=red;
change=yellow;
```

在 C 语言中，枚举元素实际上是作为整型常数来处理的，所以枚举元素又称为枚举常量。当遇到枚举定义中的标识符时，编译程序就把其中第一个元素赋值为 0，并依次把 1，2，3，…赋值给第二个元素、第三个元素、第四个元素、…。

在语句 select=red;中，select 被赋值为 0，而不是将字符串"red"赋给 select。

注意，枚举元素不是变量，不能对它们赋值，也不能使用&运算符来获取它们的地址。

(2) 可以把某个枚举元素规定为指定的整型常数。

例如：

```
enum color
{
    red, green, blue=5, yellow, white
};
```

编译程序将对 blue 之前的枚举元素照常从 0 开始递增赋值，并为 blue 赋予指定的值 5，blue 之后的枚举元素则在 5 的基础上递增赋值。

(3) 当变量的取值被限制为规定范围内的整型常数时，就可以采用枚举类型。枚举变量的作用域与普通变量的作用域相同。

【例 8-7】在输入代表今天是星期几的数字后，输出明天是星期几。

```c
#include <stdio.h>
enum weekday
{
    Mon=1,Tue,Wed,Thu,Fri,Sat,Sun
};
 char *name[8]={"error","Mon","Tue","Wed","Thu","Fri","Sat","Sun"};
 void main( )
 {
    enum weekday d;
    printf("Input today's numeral(1-7):");
    scanf("%d",&d);
    if (d>0&&d<7)
     d++;                      // 当今天是星期一～星期六时
    else if (d==7)
     d=1;                      // 当今天是星期日时
    else
     d=0;
    if (d)
    printf("Tomorrow is %s.\n",name[d]);
    else
    printf("%s\n",name[d]);
 }
```

程序运行结果如图 8-9 所示。

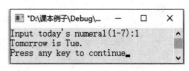

图 8-9　程序运行结果

8.4　综合案例

某班级有若干学生(不超过 100 名)，一共开设了 3 门课程，分别是数学、英语、程序设计。要求编写学生学籍管理系统，用于查询和管理学生的学号、姓名以及三门课程的成绩、平均成绩等。所要编写的学生学籍管理系统具有如下菜单：

```
                    学生学籍管理系统
********************MENU********************
                1.Enter new data
                2.Browse all
                3.Search by num
                4.Order by average
                5.Exit

    ******************************************
```

用户可根据上述菜单选择执行相应的操作，这些菜单的含义如下：

1. Enter new data	输入新数据
2. Browse all	浏览所有数据
3. Search by num	根据学号查询学生信息
4. Order by average	按平均成绩进行排序
5. Exit	退出系统

分析：

根据要求，可以使用结构体来存储学生的信息，其中包括学号、姓名、各科成绩、平均成绩共四个成员，分别使用字符数组、字符数组、整型数组、浮点型变量来表示。

除了 main 函数之外，分别编写菜单函数 menu、输入函数 enter、浏览函数 browse、查找函数 search、排序函数 order 等函数。

流程图如图 8-10 所示。

源代码如下：

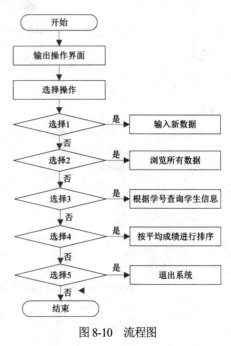

图 8-10　流程图

```c
#include <string.h>          //文件头
#include <stdio.h>
#define N 100
#define M 3
typedef struct student       //定义 student 结构体
{
    char num[11];
    char name[20];
```

```c
        int score[M];
        float ave;
    }STU;
    STU stu[N];
    int n;                                  //实际存储的学生人数
    no_input(int i,int n)                   //i 表示第 i 名学生的信息，n 表示比较到第 n 名学生
    {
        int j,k,w1;
        do
        {
            w1=0;
            printf("NO.:");
            scanf("%s",stu[i].num);
            for(j=0;stu[i].num[j]!='\0';j++)            //学号输入函数
            if(stu[i].num[j]<'0'||stu[i].num[j]>'9')    //判断学号是否为数字
            {
                puts("Input error! Only be made up of (0-9).Please reinput!\n");
                w1=1;
                break;
            }
            if(w1!=1)
            for(k=0;k<n;k++)                            //比较到第 n 名学生
            if(k!=i&&strcmp(stu[k].num,stu[i].num)==0)  //判断学号是否重复
            {
                puts("This record is exist. please reinput!\n");
                w1=1;break;
            }
        }
        while(w1==1);
    }

    input(int i)                            //记录输入函数
    {
        int j,sum;
        no_input(i,i);                      //调用学号输入函数
        printf("name:");
        scanf("%s",stu[i].name);
        for(j=0;j<M;j++)
        {
            printf("score %d:",j+1);
            scanf("%d",&stu[i].score[j]);
        }
        for(sum=0,j=0;j<M;j++)
```

```
            sum+=stu[i].score[j];
        stu[i].ave=sum*1.0/M;
}

enter()         //输入模块
{
    int i;
    system("cls");
    printf("How many students(0-%d)?:",N);
    scanf("%d",&n);                              //想要输入的记录数
    printf("\nEnter data now\n\n");
    for(i=0;i<n;i++)
    {
        printf("\nInput %dth student record.\n",i+1);
        input(i);                                //调用 input 函数
    }
    getch();
    menu();
}

printf_one(int i)                               //记录显示函数
{
    int j;
    printf("%11s   %-17s",stu[i].num,stu[i].name);
    for(j=0;j<M;j++)
    printf("%9d",stu[i].score[j]);
    printf("%9.2f\n",stu[i].ave);
}

browse()            //浏览(全部)模块
{
    int i,j;

    system("cls");
    puts("\n-----------------------------------------------------------------");
    printf("\n\tNO.   name      Math    English    Prog   average\n");
    for(i=0;i<n;i++)
    {
        if((i!=0)&&(i%10==0))                    //目的是进行分屏显示
            {
                printf("\n\nPass any key to contiune   ...");
                getch();
                puts("\n\n");
```

```
        }
    printf_one(i);                      //调用记录显示函数
    }
    puts("\n-----------------------------------------------------------------");
    printf("\tThere are    %d record.\n",n);
    getch();                            //按任意健
    menu();
}

search()                                //查找模块
{
    int i,k;
    struct student s;
    k=-1;
    system("cls");
    printf("\n\nEnter name that you want to search!        num:");
    scanf("%s",s.num);                  //输入想要修改的学生信息的学号
    printf("\n\tNO.   name                Math     English    Prog   average\n");
    for(i=0;i<n;i++)                    //查找想要修改的学生信息
    if(strcmp(s.num,stu[i].num)==0)
    {
        k=i;                            //找到想要修改的记录
        printf_one(k); break;           //调用记录显示函数
    }
    if(k==-1)
    {
        printf("\n\nNO exist!");
    }
    getch();
    menu();
}

order()                                 //排序模块(按平均成绩)
{
    int i,j,k;
    struct student s;
    system("cls");
    for(i=0;i<n-1;i++)                  //选择排序法
    {
        k=i;
        for(j=i+1;j<n;j++)
        if(stu[j].ave>stu[k].ave)
        k=j;
```

```
            s=stu[i];
            stu[i]=stu[k];
            stu[k]=s;
        }
        printf("The ordered data is:\n");
        browse();
        getch();
        menu();
    }

menu()
{
    int n,w1,m;
    do
    {
        system("cls");                              //清屏
        puts("\t\t\t    学生学籍管理系统!\n\n");
        puts("\t\t*******************MENU*******************\n\n");
        puts("\t\t\t\t1.Enter new data");
        puts("\t\t\t\t2.Browse all");
        puts("\t\t\t\t3.Search by num");
        puts("\t\t\t\t4.Order by average");
        puts("\t\t\t\t5.Exit");
        puts("\n\n\t\t*******************************************\n");
        printf("Choice your number(1-5): [ ]\b\b");
        scanf("%d",&n);
        if(n<0||n>5)                                //对选择的数字进行判断
        {
            w1=1;
            printf("your choice is not between 1 and 8,Please input again:");
            getchar();
        }
        else    w1=0;
    } while(w1==1);
                                                    //选择功能
    switch(n)
    {
        case 1:enter(); break;          //输入模块
        case 2: browse(); break;        //浏览模块
        case 3:search(); break;         //查找模块
        case 4:order(); break;          //排序模块
        case 5:exit(0);
    }
```

```
    }

    void main()
    {
        menu();
    }
```

程序运行结果如图 8-11 所示。

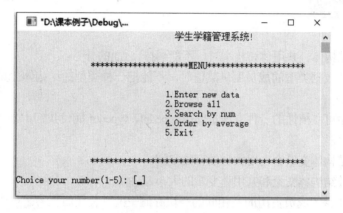

图 8-11　程序运行结果

8.5　本章小结

(1) 结构体、共用体和枚举都是自定义数据类型，它们极大增强了 C 语言的数据描述能力。结构体、共用体和枚举都需要先定义数据类型，后定义变量。也可在定义数据类型的同时定义变量，但在定义这三种数据类型的变量时，不能缺少相应的关键字。

(2) 结构体是使用同一名称引用的相关变量的集合。结构体成员的数量和大小必须是确定的，结构体不能随意改变大小。组成结构体的各个成员的类型可以不同，结构体是异质的。

(3) 共用体是一种身份可变的数据类型，这种数据类型能让我们在不同的时间内，在同一存储单元中存放不同类型的数据。

(4) 不允许递归结构体的定义。换言之，结构体的成员中不能再有类型为同一结构体的变量。

(5) 当访问结构体变量的成员时，如下三种形式是等价的。

① 直接利用结构体变量名，形式如下：

　　结构变量名.成员名

② 利用指向结构体变量的指针和指针运算符*，形式如下：

　　(*指针变量名).成员名

③ 利用指向结构体变量的指针和指向成员运算符->，形式如下：

　　指针变量名->成员名

(6) 作为一种数据类型，枚举的特点在于能使用若干名称代表一些整型常量，枚举变量的取值范围仅限于枚举定义中所列的标识符。

8.6　编程经验

(1) 当定义结构体、共用体和枚举时，不能漏掉}后面的分号。

(2) 在为复杂数据类型的成员变量赋值时，不能把一种类型的结构体变量赋值给另一种类型的结构体变量。

(3) 提高程序可移植性的一种方法是使用 typedef，typedef 能使我们十分容易地为数据类型创建别名。

(4) 嵌套的结构体变量会占用大量的存储空间。

(5) 不能比较结构体变量和共用体变量的大小。

(6) 共用体变量的成员占用的是相同的一块存储空间，使用时很容易产生混乱，比较明智的做法就是少用，如果非要使用，请给出详细的注释。

(7) 选择有意义的结构体名可以提高程序的可读性。

(8) 为了强调使用 typedef 定义的类型名是其他数据类型的别名，请以大写形式命名 typedef 定义中的类型名。

(9) 不能对已经定义过的枚举常量进行赋值。

(10) 为了突出枚举常量，请使用大写字母对枚举常量进行命名。

8.7　本章习题

1. 阅读程序，给出程序运行后输出的结果。

(1)
```c
# include <stdio.h>
struct student
{
    int num;
    char *name;
    char sex;
    float score;
}s1={102,"Zhang ping",'M',78.5};
void main()
{
    printf("sex=%c\nscore=%.1f\n",s1.sex,s1.score);
```

```
          }

(2)    #include <stdio.h>
       union u
       {
           char u1;
           int u2;
       };
       void main()
       {
           union u a={0x9843};
           printf("1.%c %x\n",a.u1,a.u2);
           a.u1='b';
           printf("2.%c %x\n",a.u1,a.u2);
       }

(3)    #include <stdio.h>
       #define N 5
       struct student
       {
          char num[6];
          char name[8];
          int score[4];
       } stu[N];
       input(stu)
       struct student stu[];
       {
          int i,j;
          for(i=0;i<N;i++)
          {
             printf("\n please input %d of %d\n",i+1,N);
             printf("num: ");
             scanf("%s",stu[i].num);
             printf("name: ");
             scanf("%s",stu[i].name);
             for(j=0;j<3;j++)
             {
                printf("score %d.",j+1);
                scanf("%d",&stu[i].score[j]);
             }
             printf("\n");
          }
       }
       print(stu)
```

```
struct student stu[];
{
    int i,j;
    printf("\nNo. Name Sco1 Sco2 Sco3\n");
    for(i=0;i<N;i++)
    {
        printf("%-6s%-10s",stu[i].num,stu[i].name);
        for(j=0;j<3;j++)
            printf("%-8d",stu[i].score[j]);
        printf("\n");
    }
}
void main()
{
    input();
    print();
}
```

(4)
```
#include <stdio.h>
#define N 4
static struct man
{
    char name[20];
    int age;
} person[N]={"li",18,"wang",19,"zhang",20,"sun",22};
void main()
{
    struct man *q,*p;
    int i,m=0;
    p=person;
    for (i=0;i<N;i++)
    {
        if(m<p->age)
            q=p++;
        m=q->age;
    }
    printf("%s,%d",(*q).name,(*q).age);
}
```

(5)
```
#include <stdio.h>
struct STU
{
    char name[10];
    int num;
```

```
        int Score;
    };
    void main( )
    {
        struct STU s[5]={{"YangSan",20041,703},{"LiSiGuo",20042,580},
        {"wangYin",20043,680},{"SunDan",20044,550},
        {"Penghua",20045,537}},*p[5],*t;
        int i,j;
        for(i=0;i<5;i++)
            p[i]=&s[i];
        for(i=0;i<4;i++)
            for(j=i+1;j<5;j++)
                if(p[i]->Score>p[j]->Score)
                {
                    t=p[i];
                    p[i]=p[j];
                    p[j]=t;
                }
                printf("5d %d\n",s[1].Score,p[1]->Score);
    }
```

(6)
```
    #include <stdio.h>
    typedef struct student
    {
        char name[10];
        long sno;
        float score;
    }STU;
    void main( )
    {
        STU a={"zhangsan",2001,95},b={"Shangxian",2002,90},c={"Anhua",2003,95},d,*p=&d;
        d=a;
        if(strcmp(a.name,b.name)>0)
            d=b;
        if(strcmp(c.name,d.name)>0)
            d=c;
        printf("%ld%s\n",d.sno,p->name);
    }
```

2. 创建共用体，其中的成员包括 char c、short s、int i 和 long l。编写程序，读取 char、short、int、long 类型的值，将它们存入创建的共用体中。使用对应的类型分别打印出每个变量，它们的结果一样吗？

3. 编写程序,将表 8-2 所示的学生信息存入结构体数组中,然后进行输出。

表 8-2 学生信息表

学号	姓名	性别	成绩
06001	王 芳	女	85
06002	杨 柳	女	96
06003	李 蕾	女	78
06004	黄 刚	男	88

4. 编写程序,定义结构体以存储点的坐标信息,然后通过键盘输入两个点的坐标,求这两个点之间的距离并输出。

5. 对复数进行相加的运算规则是将它们的实部和虚部分别相加。例如,复数 5+6i 和 3+2i 的相加结果为 8+8i。定义复数结构体,其中包含复数的实部和虚部,编写函数,将两个复数结构体变量作为参数,输出它们的和。

6. 对复数进行相减的运算规则是将它们的实部和虚部分别相减。例如,复数 5+6i 和 3+2i 的相减结果为 2+4i。定义复数结构体,其中包含复数的实部和虚部,编写函数,将两个复数结构体变量作为参数,输出它们的差。

7. 选择题

(1) 假设存在结构体类型 stu,现在需要定义这种结构体类型的变量 s,下列定义中正确的是____。

(A) stu s;　　　　　(B) struct stu s;　　　　(C) stu {s};　　　　(D) struct s {s};

(2) 假设存在结构体类型 A,其中包含成员 name,定义这种结构体类型的变量 a,利用变量 a 访问结构体成员的正确方法是____。

(A) A a->name;　　(B) struct A a.name;　　(C) A.name;　　　　(D) a.name;

(3) 假设存在结构体类型 A,其中包含成员 name,定义指向这种结构体变量的指针 a,利用指针 a 访问结构体成员的正确方法是____。

(A) A a->name;　　(B) struct A a.name;　　(C) a->name;　　　　(D) a.name;

(4) 下列不能用来访问共用体变量成员的是____。

(A) 共用体变量名.成员名;

(B) (*p).成员名;

(C) union 成员名;

(D) p->成员名;

(5) 对于以下枚举类型:

```
enum color{red,green,blue=4,white,black}
```

枚举元素 red 和 white 的值分别是____。

(A) 0 和 5　　　　　(B) 0 和 3　　　　　(C) 1 和 5　　　　　(D) 1 和 3

第9章

文件操作

本章概览

你在前面所学的所有程序都只能在运行时显示执行结果，而无法将执行结果保存起来以供查看。如果想要将程序的执行结果保存下来，或者希望程序在执行时能够调用已有文件中的数据信息，就需要通过编程来对文件进行访问。

知识框架

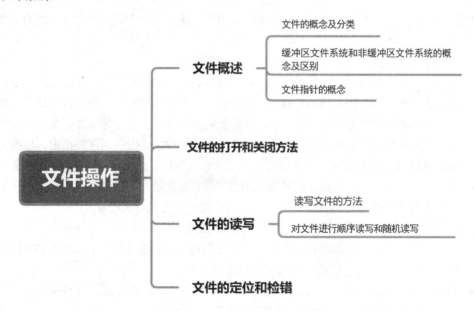

9.1 文件概述

9.1.1 文件

"文件"既是以文件名标识的一组相关数据的有序集合,也是操作系统管理数据的一种单位。每个文件在磁盘上的具体存放位置、格式以及读写都由文件系统管理。实际上,我们在前面已经多次使用了文件,例如源文件、目标文件、可执行文件、库文件(头文件)等。

C语言将文件看成字节序列。但从编译系统对文件中数据的解释方式看,C语言中的文件可以分为两种类型:文本文件和二进制文件。一般情况下,后缀为.txt、.c、.cpp、.h、.ini 的文件是文本文件,后缀为.exe、.com、.lib、.doc、.dat 的文件是二进制文件。

使用文件的好处如下:

* 实现了程序与数据的分离,文件的改动不会引起程序发生改动。
* 数据共享,不同的程序可以访问同一数据文件中的数据。
* 延长了数据的生命周期,从而使我们能够长期保存程序运行的中间数据或结果数据。

9.1.2 文件的分类

文件一般存储在外部介质上,直到使用时才调入内存。角度不同,对文件所做的分类也将不同。

(1) 从用户的角度看,文件可分为设备文件和普通文件。

* 设备文件。在C语言中,"文件"的概念被进一步拓展:与主机相连的输入输出设备都可看作文件。实际的物理设备将被抽象为逻辑文件,又称设备文件。我们通常把显示器定义为标准输出文件。一般情况下,屏幕上显示的有关信息就是发往标准输出文件的输出。我们在前面经常使用的 printf 函数就属于这类输出。键盘通常被指定为标准输入文件,从键盘上输入就意味着从标准输入文件输入数据。scanf 函数就属于这类输入。
* 普通文件。普通文件是指我们通常使用的文件,也就是存储在磁盘或其他介质上的一组相关数据集,可以是源文件、头文件、目标文件、可执行文件等。

(2) 从逻辑结构看,文件可分为记录文件和流式文件。

* 记录文件。记录文件由具有一定结构的记录组成,记录通常分为定长记录和不定长记录两种。例如,一名学生的学习成绩即可构成一条记录。
* 流式文件。常见的设备输入输出就是通过流式文件来处理的。流式文件由一系列的字符(字节)数据按顺序组成,比如我们编写的C程序。

(3) 从编码方式看,文件可分为文本文件和二进制文件。

* 文本文件。文本文件又称 ASCII 文件,其中的每一字节将存放一个 ASCII 码。文本文件的输出与字符是一一对应的,因此这种文件便于对字符进行逐个处理,也便于输出显示,在 DOS 操作系统中甚至可以直接阅读。文本文件由文本行组成,每个文本行则由零个或多个字符组成,并以'\n'换行符结束。文本文件的特点是:存储量大、速度慢、便于对字符进行操作。由于是按字符显示,因此文件内容更易读懂。例如,数字 4567 的存储方式如下:

字符	'4'	'5'	'6'	'7'
ASCII 码	00110100	00110101	00110110	00110111

因此，数字 4567 在内存中占用了 4 字节空间。

- 二进制文件。二进制文件则把数据按照它们在内存中的存储形式原样存放到磁盘上。这种文件的特点是：能够节省外存空间、速度快、便于存放中间结果。二进制文件虽然也可以在屏幕上显示，但内容无法让人读懂。编译系统在处理这些文件时，并不区分类型，而是统一看成字符流，按字节进行处理。例如：

数字	4567	
二进制	00010001	11010111

因此，数字 4567 在内存中仅占用 2 字节空间。

9.1.3　文件指针

在 C 语言中，对文件的访问是通过文件指针来实现的。因此，弄清楚文件与文件指针的关系，对于学习文件的访问是非常重要的。

(1) 文件类型的指针。

C 语言中的 FILE 类型是用来存放有关文件信息的结构体类型，FILE 类型定义在 stdio.h 头文件中，内容如下：

```
typedef struct
{
        short           level;      // 缓冲区满或空的程度
        unsigned        flags;      // 文件状态标志
        char            fd;         // 与文件相关的标识符，实际上是文件句柄
        unsigned char   hold;       // 若无缓冲，则不读取字符
        short           bsize;      // 缓冲区大小，默认为 512 字节
        unsigned char   *buffer;    // 数据缓冲区的指针
        unsigned char   *curp;      // 当前激活文件指针
        unsigned        istemp;     // 临时文件标志
        short           token;      // 用于文件的有效性检查
}FILE;
```

FILE 对于文件来说十分重要。FILE 可用于定义文件类型的指针变量，例如：

```
FILE *fp;
```

通过使用文件类型的指针变量(简称文件指针)，即可利用文件操作找到与其相关的文件；对于已打开的文件来说，我们对其执行的读写操作都是通过指向文件的指针变量来实现的。

(2) 文件结构体指针。

C 语言将所有的外部设备都作为文件对待，称为设备文件。在 C 语言中，常用的设备文件如下。

- CON 或 KYBD：键盘。

- CON 或 SCRN：显示器。
- PRN 或 LPT：打印机。
- AUX 或 COM1：异步通信器。

在执行文件操作时，系统会自动与三个标准设备文件的终端设备进行联系，它们的文件结构体指针被分别命名为：

- stdin——标准输入文件结构体指针，系统分配为键盘。
- stdout——标准输出文件结构体指针，系统分配为显示器。
- stderr——标准错误输出文件结构体指针，系统分配为显示器。

9.1.4　文件系统

在 C 语言中，文件的处理方法有两种：一种是"缓冲文件系统"，另一种是"非缓冲文件系统"。"缓冲文件系统"是指系统自动在内存中为每个正在使用的文件开辟缓冲区。从内存向磁盘输出的数据，必须先送到缓冲区，待缓冲区装满后才送到磁盘。如果从磁盘读入数据，那就一次性从磁盘将一批数据输入内存缓冲区，之后再依次将数据从缓冲区送到程序数据区，最后赋给变量，如图 9-1 所示。缓冲区的大小由具体的 C 语言版本决定。

"非缓冲文件系统"是指系统不自动开辟大小已确定的缓冲区，而是由程序为每个文件设定缓冲区。

图 9-1　"缓冲文件系统"的工作机制

C 语言没有提供文件的输入输出语句，文件的读写都必须使用库函数来实现，它们集中定义在 stdio.h 头文件中。

9.2　文件的打开和关闭

C 语言程序在执行文件操作时，必须遵循"打开"→"读写"→"关闭"这样的操作流程。不打开文件就不能读写文件中的数据，不关闭文件就会耗尽系统资源。因此，在读写文件之前必须先"打开"文件，文件使用完之后则必须"关闭"文件。

9.2.1　文件的打开

函数 fopen 用来打开文件，调用形式如下：

```
文件指针名=fopen(文件名,文件打开模式);
```

其中：

"文件指针名"必须是声明为 FILE 类型的指针变量。

"文件名"可以是字符串常量或字符数组。

"打开文件模式"是指文件的类型和操作要求，常见的文件打开模式及说明如表 9-1 所示。

表 9-1 常见的文件打开模式及说明

打开模式	说　明
rt	只读打开文本文件，只允许读数据
wt	只写打开或建立文本文件，只允许写数据
at	追加打开文本文件，并在文件的末尾写数据
rb	只读打开二进制文件，只允许读数据
wb	只写打开或建立二进制文件，只允许写数据
ab	追加打开二进制文件，并在文件的末尾写数据
rt+	读写打开文本文件，允许读写
wt+	读写打开或建立文本文件，允许读写
at+	读写打开文本文件，允许读或在文件的末尾追加数据
rb+	读写打开二进制文件，允许读写
wb+	读写打开或建立二进制文件，允许读写
ab+	读写打开二进制文件，允许读或在文件的末尾追加数据

例如：

```
FILE *fp;
fp = fopen("C.DAT","rb");
```

上述语句将打开当前目录下的 C.DAT 文件，这是一个二进制文件，只允许执行读操作。然后使 fp 指针指向该文件。

再如：

```
fp = fopen("C:\\CP\\README.TXT","rt");
```

上述语句将以读文本文件方式打开指定目录下的文件。注意，路径字符串中的'\'是转义字符，'\\'表示反斜杠。

又如：

```
fp = fopen("C.DAT","w+b");
```

上述语句将在当前目录下建立可读写的二进制文件 C.DAT。

说明：

(1) 文件打开模式由 r、w、a、t、b、+六个字符拼成，这些字符的含义如下。

- r(read)：读。
- w(write)：写。
- a(append)：追加。
- t(text)：文本文件，可省略不写。
- b(banary)：二进制文件。

- +：读和写。

(2) 使用 w 打开模式的文件只能写入。若想要打开的文件不存在，则以指定的文件名建立文件；若想要打开的文件已经存在，就将文件删除，重建新文件。

(3) 要向一个已有的文件追加新的信息，就只能以 a 模式打开这个文件。注意：这个文件必须存在，否则会出错。

(4) 当把文本文件读入内存时，需要将 ASCII 码转换成二进制码；当把文件以文本方式写入磁盘时，需要把二进制码转换成 ASCII 码。因此，文本文件的读写需要花费较长的转换时间。二进制文件的读写则不存在这种转换。

(5) 当打开一个文件时，如果能正常打开，fopen 函数将返回一个指向文件结构体的指针；如果这个文件不存在，fopen 函数将返回空指针 NULL。在程序中，我们可以使用这一信息来判断是否完成文件的打开操作，并进行相应的处理，如下所示：

```
if((fp=fopen("C:\\cp\\readme.txt","r") == NULL)
{
    printf("\nerror on open C:\\cp\\readme.txt!\n");
    exit(1);
}
else
…        //从文件中读取数据
```

【例 9-1】以下程序用来判断指定的文件是否能正常打开，请填空。

```
#include <stdio.h>
void main()
{ FILE *fp;
    if(((fp=fopen("test.txt", "r"))== _____ ))
            printf("未能打开文件!\n");
    else
            printf("文件打开成功!\n");
}
```

答案：NULL。

9.2.2 文件的关闭

文件一旦使用完，就应该使用 fclose 函数将文件关闭，以免文件丢失或者文件再次被误用。fclose 函数的调用形式如下：

```
fclose(文件指针);
```

文件的关闭操作将使文件指针变量不再指向与文件对应的 FILE 结构，从而断开与文件的关联。文件的关闭操作还会引起系统对文件缓冲区的一系列操作，因为在向文件写数据时，会事先将数据写到缓冲区，待缓冲区满后才将缓冲区中的内容一并发送到磁盘文件中。等到程序结束时，如果缓冲区尚未满，那么其中的数据将无法传到磁盘上，我们必须使用 fclose 函数关闭文件，强制系统将缓冲区中的所有数据发送到磁盘，并释放文件指针变量；否则，这些数据将只是被输出到缓冲区，而没有被真正写到磁盘文件中。文件操作正常返回 0，否则返回 EOF。如果不关闭文件，就会丢失数据，所以我们应该养成在使用完文件后关闭文件的习惯。一个 C 语言程序能同时打开的文件数量有限，文件用完后应及时关闭。程序退出时，所有文件将自动关闭。

9.3　文件的读写

　　文件的读写是最常用的文件操作。C 语言提供了很多文件读写函数，它们的区别主要在于读写单位不同。

- 字符读写函数：fgetc 和 fputc。
- 字符串读写函数：fgets 和 fputs。
- 数据块读写函数：freed 和 fwrite。
- 格式化输入输出函数：fscanf 和 fprinf。
- 字输入输出函数：getw 和 putw。

以上函数都定义在头文件 stdio.h 中。

9.3.1　字符读写函数

　　字符读写函数以字节为单位，每次可以从文件中读取或向文件中写入一个字符。

　　(1) 写字符函数 fputc

　　fputc 函数的功能是将一个字符写入指定的文件，调用形式如下：

```
fputc(待写字符，文件指针);
```

　　在这里，待写字符可以是字符常量或变量，例如'a'或变量 ch。

　　说明：

- 想要写入的文件可以使用写、读写或追加的方式打开。当使用写或读写的方式打开已有的文件时，文件的原有内容将被清除，然后从文件的开头开始写入字符。当使用追加的方式打开文件时，写入的字符将从文件的末尾开始存放。想要写入的文件若不存在，则创建新文件。
- fputc 函数只有一个返回值，若写入成功，则返回写入的字符，否则返回 EOF。
- 每写入一个字符，文件内部的位置指针就向后移动一个字符。注意，文件指针和文件内部的位置指针不是一回事。文件指针指向整个文件，需要在程序中进行定义和声明，只要不重新赋值，文件指针的值是不变的。文件内部的位置指针用于指示文件内部的当前读写位置，每读写一次，这种指针就会向后移动一个字符。文件内部的位置指针不需要在程序中进行定义和声明，而由系统自动设置。

　　【例 9-2】以下程序用于打开文件 f.txt，然后调用字符输出函数，将数组 a 中的字符写入打开的 f.txt 文件中，请填空。

```
#include <stdio. h>
```

```
void main()
    {FILE *fp ;
    char a [5] = {'1','2','3','4','5'} , i ;
    fp=fopen("f. txt", "w ");
    for(i=0; i<5; i++)_____(a[i], fp);
        fclose(fp);
}
```

答案：fputc。

(2) 读字符函数 fgetc

fgetc 函数的功能是从指定的文件中读取一个字符，调用形式如下。

字符变量=fgetc(文件指针);

说明：

- 在 fgetc 函数调用中，文件必须以读或读写方式打开。
- 字符的读取结果也可以不向字符变量赋值。例如：

fgetc(fp);

- 每读取一个字符，文件内部的位置指针就向前移动一个字符。
- 若读取成功，就返回读取的字符；若读到文件的末尾或出错，就返回 EOF。

【例 9-3】从键盘输入字符，输入*时表示输入过程结束。将输入的字符逐个保存到一个磁盘文件中，然后读取这个磁盘文件，将其中的字符显示到屏幕上。

```
#include <stdio.h>
void main()
{
    FILE *fp;
    char c,filename[30];
    printf("Please input filename:\n");
    gets(filename);
    if((fp=fopen(filename,"w"))==NULL)
    {
      printf("cannot open the file\n");
      exit(0);
    }
    printf("Please input the string you want to write:\n");
    c=getchar();
    while(c!='*')
    {
        fputc(c,fp);
        c=getchar();
    }
```

```
    fclose(fp);
    printf("The file is:");
    fp=fopen(filename,"r");
    while((c=getc(fp))!=EOF)
    {
        putchar(c);
    }
    printf("\n");
    fclose(fp);
}
```

程序运行结果如图 9-2 所示。

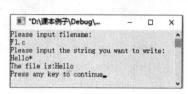

图 9-2 程序运行结果

9.3.2 字符串读写函数

1) 读字符串函数 fgets

fgets 函数的功能是从指定的文件中读取一个字符串到字符数组中，调用形式如下：

fgets(字符数组名,*n*,文件指针);

这里的 *n* 是一个正整数，表示从文件中读取的字符串不超过 *n*−1 个字符。在保存完最后一个字符后，记得加上字符串结束标志'\0'。在读取过程中，若遇到换行符或文件结束标志(EOF)，则读取过程结束。

2) 写字符串函数 fputs

fputs 函数的功能是将一个字符串写入指定的文件，调用形式如下：

fputs(字符串,文件指针);

这里的"字符串"既可以是字符常量，也可以是字符数组或字符指针。

【例 9-4】从键盘输入一个字符串，将其保存到一个磁盘文件中，然后读取这个磁盘文件，将其中的字符串显示到屏幕上。

```
#include<stdio.h>
void main()
{
    FILE *fp;
    char string1[100],filename[30];
    printf("Please input filename:\n");
    gets(filename);
    if((fp=fopen(filename,"w"))==NULL)
    {
        printf("cann't open the file");
        exit(0);
    }
}
```

```
    printf("Please input the string you want to write:\n");
    gets(string1);
    if(strlen(string1)>0)
    {
        fputs(string1,fp);
    }
    fclose(fp);
    if((fp=fopen(filename ,"r"))==NULL)
    {
        printf("cann't open the file");
        exit(0);
    }
    printf("The file is:");
    while(fgets(string1,100,fp)!=NULL)
        puts(string1);
    fclose(fp);
}
```

程序运行结果如图 9-3 所示。

9.3.3 数据块读写函数

1) 数据块读函数 fread

fread 函数的功能是从指定的文件中读取规定
大小的数据块，并将读出的数据一次性存入指定的
缓冲区，调用形式如下：

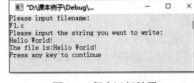

图 9-3　程序运行结果

```
    fread(p,size,n,fp);
```

说明：

- p——指向想要读取的数据块首地址的指针。
- size——单个数据项在存储空间中占用的字节数(数据项的大小)。
- n——此次从文件中读取的数据项数。
- fp——文件指针变量。

2) 数据块写函数 fwrite

fwrite 函数的功能是将固定大小的数据块写入文件，调用形式如下：

```
    fwrite(p, size, n, fp);
```

说明：

- p——指向想要写入的数据块首地址的指针。
- size——单个数据项在存储空间中占用的字节数(数据项的大小)。
- n——此次写入文件的数据项数。
- fp——文件指针变量。

当调用成功时，fread 和 fwrite 函数将返回 n 的值，也就是成功读写的数据项数；当调用失败(读写出错时)，返回 0。

9.3.4　格式化输入输出函数

文件的输入输出和数据的输入输出基本类似。文件的输入输出函数为 fprintf 和 fscanf，它们也都是格式化输入输出函数。与 printf 和 scanf 函数的区别在于，fprintf 和 fscanf 函数的读写对象是磁盘文件而不是键盘或显示器。

1) 格式化输入函数 fscanf

fscanf 函数的功能是按格式对文件执行输入操作，调用形式如下：

fscanf(文件指针，格式控制字符串，输入地址列表);

2) 格式化输出函数 fprintf

fprintf 函数的功能是按格式对文件执行输出操作，调用形式如下：

fprintf(文件指针，格式控制字符串，输出地址列表);

当调用成功时，fcanf 和 fprintf 函数将返回输出的字节数；当调用失败(出错或到达文件末尾)时，返回 EOF。

【例 9-5】假设文本文件 filea.txt 中原有的内容为 hello，那么在运行以下程序后，filea.txt 文件中的内容为_____。

```
#include <stdio.h>
void main()
{    FILE *f;
    f=fopen("filea.txt","w");

    fprintf(f,"abc");
    fclose(f);
}
```

答案：abc。

9.3.5　字输入输出函数

1) 字输入函数 putw

putw 函数的功能是把整型数据 w 写入指针 fp 指向的文件(以写方式打开的二进制文件)。

putw 函数的调用形式如下：

putw(w, fp);

说明：

- w——想要输出的整型数据，可以是常量或变量。
- fp——文件指针变量。

2) 字输入函数 getw

getw 函数的功能是从指针 fp 指向的文件(以读方式打开的二进制文件)中读取整型数据。
getw 函数的调用形式如下：

getw(fp);

当调用成功时，putw 和 getw 函数将返回输入输出的整型数据，当调用失败时，返回 EOF。

【例9-6】通过键盘输入一系列数字，将它们保存到一个二进制文件中，然后读取这个二进制文件，将其中的内容输出到屏幕上。

```c
#include <stdio.h>
void main( )
{
    FILE *fp;
    char filename[30];
    int a[5],b[5],i,n;
    printf("Please input the filename: ");
    gets(filename);
    if ((fp=fopen(filename,"wb"))==NULL)
    {
        printf("Can' t open the file");
        return 0;
    }
    printf("Please input the data: ");
    for(i=0;i<5;i++)
        scanf("%d",&a[i]);
    for(i=0; i<5; i++)
        putw(a[i],fp);
    fclose(fp);
    printf("the file is :\n");
    fp=fopen(filename,"rb");
    for (i=0; i<5; i++)
    {
        b[i]=getw(fp);
        printf("%d \n",b[i]);
    }
    fclose(fp);
}
```

程序运行结果如图 9-4 所示。

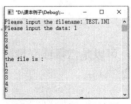

图 9-4　程序运行结果

9.4　文件的定位

在读写文件的过程中，操作系统会为打开的每个文件设置指向当前读写数据的位置指针。每读写 2 字节数据后，这个指针就向后移动一个位置。文件内部的位置指针不是指针数据，而仅仅是无符号的长整型数据，用来表示当前读写位置。

文件的读写方式分为：

● 顺序读写——位置指针按字节位置顺序移动。

● 随机读写——位置指针可根据需要移到任意位置。

1) rewind 函数

rewind 函数的功能是重置位置指针到文件的开头，调用形式如下：

    rewind(文件指针);

【例 9-7】对磁盘文件执行显示和复制操作。

```c
#include <stdio.h>
void main()
{
    FILE *fp1,*fp2;
    fp1=fopen("d:\\1.c","r");
    fp2=fopen("d:\\2.c","w");
    while(!feof(fp1))
        putchar(getc(fp1));
    rewind(fp1);
    while(!feof(fp1))
        putc(getc(fp1),fp2);
    fclose(fp1);
    fclose(fp2);
}
```

2) fseek 函数

fseek 函数的功能是修改位置指针的位置，调用形式如下：

    fseek(文件指针,位移量,起始位置);

● 文件指针用于指向想要读写的文件。

● 位移量表示想要移动的字节数，大于 0 表示新的位置在初始值的后面，小于 0 表示新的位置在初始值的前面。

● 起始位置表示从何处开始规定位移量，相关的表示符号及含义如表 9-2 所示。

表 9-2　起始位置的表示符号及含义

起始位置	表示符号	数字表示
文件开始处	SEEK_SET	0
当前位置	SEEK_CUR	1
文件末尾处	SEEK_END	2

例如：

- fseek(fp,30,0)表示从文件开始位置向文件结束方向移动 30 字节。
- fseek(fp,-10,1)表示从当前位置向文件开始方向移动 10 字节。
- fseek(fp,-8,2)表示从文件结束位置向文件开始方向移动 8 字节。

fseek 函数仅适用于二进制文件。

3) ftell 函数

ftell 函数的功能是返回位置指针的当前位置(可使用相对文件开头的位移量来表示),适用于二进制文件和文本文件。调用形式如下：

    ftell(文件指针);

当调用成功时，ftell 函数返回位置指针的当前位置；当调用失败时，返回-1L。

9.5 文件的检错

1) feof 函数

feof 函数的功能是判断是否已经到达文件的末尾，调用形式如下：

    feof(文件指针);

当调用结束时，若文件结束，则返回 1，否则返回 0。

2) ferror 函数

ferror 函数的功能是检测文件是否出现错误，调用形式如下：

    ferror(文件指针);

当调用结束时，如果文件未出错，则返回 0，否则返回非零值。

说明：

- 每次调用文件输入输出函数时，ferror 函数都会产生新的返回值，所以我们应及时进行检测。
- 每当使用 fopen 函数打开文件时，ferror 函数就会自动把返回值设置为 0。

3) clearerr 函数

clearerr 函数的功能是清除出错标志和文件结束标志，调用形式如下：

    clearerr(文件指针);

文件出错后，出错标志将一直保留，直到对同一文件调用 clearerr、rewind 或任何其他输入输出函数为止。

【例 9-8】从 C 盘读取文件 stud2.dat，但是这个文件并不存在，因此系统给出报错信息，使用 clearerr 函数将文件出错标志清空。

```
#include <stdio.h>
void main()
{
    FILE *stream;
    stream = fopen("c:\\stud2.dat", "w");
    getc(stream);
    if (ferror(stream))
    {
        printf("Error reading from stud2.data\n");
        clearerr(stream);
    }
    if(!ferror(stream))
        printf("Error indicator cleared!\n");
    fclose(stream);
}
```

程序运行结果如图 9-5 所示。

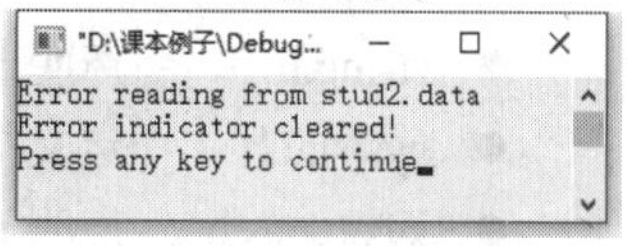

图 9-5 程序运行结果

9.6 C 语言库文件

C 语言提供了丰富的系统文件，称为库文件。C 语言中的库文件分为两类：一类是扩展名为.h 的文件，称为头文件，其中包含了常量定义、类型定义、宏定义、函数原型以及各种编译设置等信息；另一类是函数库，其中包括了各种函数的目标代码，供用户在程序中调用。通常，在程序中调用库函数时，需要在调用之前包含函数原型所在的头文件。

Turbo C 中的头文件如下。

- alloc.h　　声明内存管理函数(分配、释放等)。
- assert.h　　定义 assert 调试宏。
- bios.h　　声明调用 IBM-PC ROM BIOS 子程序的各个函数。
- conio.h　　声明调用 DOS 控制台 I/O 子程序的各个函数。
- ctype.h　　包含有关字符分类及转换的各类信息(如 isalpha 和 toascii 等)。
- dir.h　　包含有关目录及路径的结构、宏定义、函数等。
- dos.h　　定义和声明 MSDOS 和 8086 调用的一些常量和函数。
- erron.h　　定义错误代码的助记符。
- fcntl.h　　定义在与 open 库中的子程序进行连接时的符号常量。
- float.h　　包含有关浮点运算的一些参数和函数。
- graphics.h　　声明有关图形功能的各个函数，包含图形错误代码的常量定义、针对不同驱动程序的各种颜色值以及有可能用到的一些特殊结构。
- io.h　　包含低级 I/O 子程序的结构和声明。
- limit.h　　包含环境参数、编译时间限制等信息。

- math.h 声明数学运算函数,包含 HUGE VAL 宏的定义,并且声明 matherr 和 matherr 子程序用到的特殊结构。
- mem.h 声明一些内存操作函数(其中大多数也在 string.h 中做了声明)。
- process.h 声明进程管理函数。
- setjmp.h 定义 longjmp 和 setjmp 函数用到的 jmp buf 类型,并且声明这两个函数。
- share.h 定义文件共享函数的参数。
- signal.h 定义 SIG[ZZ(Z] [ZZ)]IGN 和 SIG[ZZ(Z] [ZZ)]DFL 常量,并且声明 rajse 和 signal 这两个函数。
- stdarg.h 定义用于读取函数的参数表的宏。
- stddef.h 定义一些公共数据类型和宏。
- stdio.h 定义由 Kernighan 和 Ritchie 在 UNIX System V 中定义的一些标准的或扩展的类型和宏,并且定义标准 I/O 预定义流——stdin、stdout 和 stderr,同时声明 I/O 流子程序。
- stdlib.h 声明一些常用的子程序——转换子程序、搜索/排序子程序等。
- string.h 声明一些字符串操作和内存操作函数。
- sys\stat.h 定义打开和创建文件时用到的一些符号常量。
- sys\types.h 声明 ftime 函数和 timeb 结构体。
- sys\time.h 定义时间的类型 time[ZZ(Z] [ZZ]]t。
- time.h 定义时间转换子程序 asctime、localtime 和 gmtime 的结构以及 ctime、difftime、gmtime、localtime 和 stime 用到的类型,并提供这些函数的原型。
- value.h 定义一些重要常量,包括依赖于机器硬件的以及为了与 UNIX System V 进行兼容而声明的一些常量。

9.7 综合案例

某班级有若干学生(不超过 100 名),一共开设了 3 门课程,分别是数学、英语、程序设计。要求编写学生学籍管理系统,用于查询和管理学生的学号、姓名以及三门课程的成绩、平均成绩等。所需编写的学生学籍管理系统具有如下菜单:

```
                  学生学籍管理系统
********************MENU********************
              1.Enter new data
              2.Browse all
              3.Search by num
              4.Order by average
              5. Save file
              6. Load file
              7. copy file
              8.Exit

*********************************************
```

用户可根据上述菜单，选择执行相应的操作，这些菜单的含义如下：

1.Enter new data	输入新数据
2.Browse all	浏览所有数据
3.Search by num	根据学号查询学生信息
4.Order by average	按平均成绩进行排序
5. Save file	保存数据到当前目录下的 score.txt 文件中
6. Load file	从 score.txt 文件中加载数据
7. copy file	将当前数据另存到其他文件中
8.Exit	退出系统

分析：

根据要求，我们可以使用结构体来存储学生的信息，其中包括学号、姓名、各科成绩、平均成绩共四个成员，分别使用字符数组、字符数组、整型数组、浮点型变量来表示。

除了 main 函数之外，分别编写菜单函数 menu、输入函数 enter、浏览函数 browse、查找函数 search、排序函数 order、保存函数 save、加载函数 load、复制函数 copy 等函数。

流程图如图 9-6 所示。

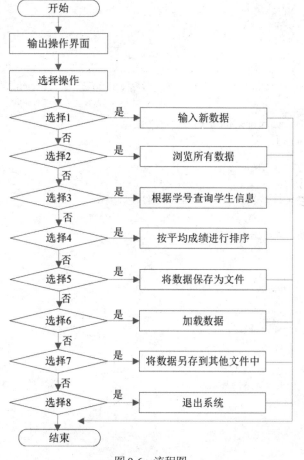

图 9-6　流程图

源代码如下：

```c
#include <string.h>
#include <stdio.h>
#define N 100
#define M 3
typedef struct student
{
  char num[11];
  char name[20];
  int score[M];
  float ave;
  }STU;
  STU stu[N];
  int n;
  save()                                    //保存函数
  {
    int w=1;
    FILE *fp;
    int i;
    system("cls");
    if((fp=fopen("score.txt","wb"))==NULL)      //以输出方式打开，此前的记录将被覆盖
    {
        printf("\nCannot open file\n");
        return NULL;
    }
    for(i=0;i<n;i++)
    if(fwrite(&stu[i],sizeof(struct student),1,fp)!=1)
    {
        printf("file write error\n");
        w=0;
    }
    if(w==1)
    {
        printf("file save ok!\n");
  }
    fclose(fp);
    getch();
    menu();
  }
  void copy()
  {
    char outfile[10],infile[10];                //保存源文件名和目标文件名
```

```
    FILE *sfp,*tfp;                                //定义指向源文件和目标文件的指针
    STU *p=NULL;                                   //定义临时指针，暂存读出的记录
    system("cls");
    printf("Enter infile name,for example :\n");
    scanf("%s",infile);                            //输入源文件名
    if((sfp=fopen(infile,"rb"))==NULL)             //以二进制读方式打开源文件
    {
        printf("can not open input file\n");       //显示不能打开文件的相关信息
        return;                                    //返回
    }
    printf("Enter outfile name,for example c:\\f1\\te.txt:\n");   //提示输入目标文件名
    scanf("%s",outfile);                           //输入目标文件名
    if((tfp=fopen(outfile,"wb"))==NULL)            //以二进制写方式打开目标文件
    {
        printf("can not open output file \n");
        return;
    }
    while(!feof(sfp))                              //读文件，直至到达文件的末尾
    {
        if(1!=fread(p,sizeof(STU),1,sfp))
        break;                                     //块读
        fwrite(p,sizeof(STU),1,tfp);               //块写
    }
        fclose(sfp);                               //关闭源文件
        fclose(tfp);                               //关闭目标文件
        printf("you have success copy    file!!!\n");   //显示复制成功
        printf("\nPass any key to back    ...");
        getch();                                   //按任意健
        menu();
}
load()                                             //记录加载函数
{
    FILE *fp;
    int i,w;
    w=1;
    system("cls");
    if((fp=fopen("score.txt","rb"))==NULL)         //以输出方式打开，此前的记录将被覆盖
    {
        printf("\nCannot open file\n");
        w=0;
        return NULL;
    }
    for(i=0;!feof(fp);i++)
```

```
        fread(&stu[i],sizeof(struct student),1,fp);
        fclose(fp);
        if(w==1)
          printf("Load file ok!");
        getch();
        menu();
        return(i-1);                          //返回记录数
      }
      no_input(int i,int n)                   //i 表示第 i 名学生，n 表示比较到第 n 名学生
      {
          int j,k,w1;
          do
          {
              w1=0;
              printf("NO.:");
              scanf("%s",stu[i].num);
              for(j=0;stu[i].num[j]!='\0';j++)        //学号输入函数
              if(stu[i].num[j]<'0'||stu[i].num[j]>'9')    //判断学号是否为数字
                {
                        puts("Input error! Only be made up of (0-9).Please reinput!\n");
                        w1=1;
                        break;
                }
              if(w1!=1)
              for(k=0;k<n;k++)                           //比较到第 n 名学生
              if(k!=i&&strcmp(stu[k].num,stu[i].num)==0)   //判断学号是否重复
              {
                  puts("This record is exist. please reinput!\n");
                  w1=1;break;
              }
          }while(w1==1);
      }
      input(int i)                              //记录输入函数
      {
          int j,sum;
          no_input(i,i);                        //调用学号输入函数
          printf("name:");
          scanf("%s",stu[i].name);
          for(j=0;j<M;j++)
          {
              printf("score %d:",j+1);
              scanf("%d",&stu[i].score[j]);
          }
```

```
        for(sum=0,j=0;j<M;j++)
        sum+=stu[i].score[j];
        stu[i].ave=sum*1.0/M;
}
enter()                                        //输入模块
{
    int i;
    system("cls");
    printf("How many students(0-%d)?:",N);
    scanf("%d",&n);                            //想要输入的记录数
    printf("\nEnter data now\n\n");
    for(i=0;i<n;i++)
    {
        printf("\nInput %dth student record.\n",i+1);
        input(i);                              //调用 input 函数
    }
    getch();
    menu();
}
printf_one(int i)                              //记录显示函数
{
    int j;
    printf("%11s   %-17s",stu[i].num,stu[i].name);
    for(j=0;j<M;j++)
        printf("%9d",stu[i].score[j]);
    printf("%9.2f\n",stu[i].ave);
}
browse()                                       //浏览(全部)模块
{
    int i,j;
    system("cls");
    puts("\n------------------------------------------------------------");
    printf("\n\tNO.  name                 Math    English   Prog   average\n");
    for(i=0;i<n;i++)
        {
        if((i!=0)&&(i%10==0))                  //目的是进行分屏显示
            {
            printf("\n\nPass any key to contiune  ...");
            getch();
            puts("\n\n");
        }
        printf_one(i);                         //调用记录显示函数
    }
```

```
        puts("\n--------------------------------------------------------------");
        printf("\tThere are    %d record.\n",n);
        getch();                                              //按任意健
        menu();
    }
    search()                                                  //查找模块
    {
        int i,k;
        struct student s;
        k=-1;
        system("cls");
        printf("\n\nEnter name that you want to search!        num:");
        scanf("%s",s.num);                                    //输入想要修改的学生信息的学号
        printf("\n\tNO.  name                       Math     English  Prog average\n");
          for(i=0;i<n;i++)                                    //查找想要修改的学生信息
          if(strcmp(s.num,stu[i].num)==0)
          {
              k=i;                                            //找到想要修改的记录
              printf_one(k); break;                           //调用记录显示函数
           }
          if(k==-1)
          {
              printf("\n\nNO exist!");
          }
          getch();
          menu();
    }
    order()                                                   //排序模块(按平均成绩)
    {
        int i,j,k;
        struct student s;
        system("cls");
        for(i=0;i<n-1;i++)                                    //选择排序法
        {
            k=i;
            for(j=i+1;j<n;j++)
            if(stu[j].ave>stu[k].ave)
            k=j;
            s=stu[i];
            stu[i]=stu[k];
            stu[k]=s;
        }
        printf("The ordered data is:\n");
```

```
        browse();
        getch();
        menu();
    }
menu()
    {
        int n,w1,m;
        do
        {
            system("cls");              //清屏
            puts("\t\t\t   学生学籍管理系统!\n\n");
            puts("\t\t*******************MENU********************\n\n");
            puts("\t\t\t1.Enter new data");
            puts("\t\t\t2.Browse all");
            puts("\t\t\t3.Search by name");
            puts("\t\t\t4.Order by average");
            puts("\t\t\t5.Save file");
            puts("\t\t\t6.Load file");
            puts("\t\t\t7.copy file");
            puts("\t\t\t8.Exit");
            puts("\n\n\t\t*******************************************\n");
            printf("Choice your number(1-8): [ ]\b\b");
            scanf("%d",&n);
            if(n<0||n>8)                        //对选择的数字进行判断
            {
                w1=1;
                printf("your choice is not between 1 and 8,Please input again:");
                getchar();
            }
            else w1=0;
        } while(w1==1);
//选择功能
switch(n)
{
    case 1:enter();break;                   //输入模块
    case 2: browse();break;                 //浏览模块
    case 3:search();break;                  //查找模块
    case 4:order();break;                   //排序模块
    case 5:save();break;                    //保存模块
    case 6:n=load();break;                  //加载模块
    case 7:copy();break;                    //拷贝模块
    case 8:exit(0);
}
```

```
}
void main()
{
    menu();

}
```

程序运行结果如图 9-7 所示。

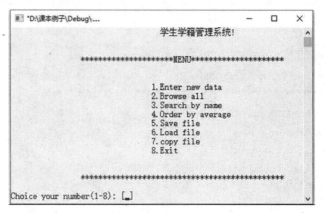

图 9-7　程序运行结果

9.8　本章小结

(1) 文件既是以文件名标识的一组相关数据的有序集合,也是操作系统管理数据的一种单位。

(2) 文件的分类。

● 从用户的角度看,文件可分为设备文件和普通文件。

● 从逻辑结构看,文件可分为记录文件和流式文件。

● 从编码方式看,文件可分为文本文件和二进制文件。

(3) 文件系统可以实现文件的操作,包括读、写、删除、复制、显示、打印等。C 语言中的文件操作可用库函数来实现,这些库函数被定义在 stdio.h 头文件中。

(4) 在 C 语言中,指向文件的指针被称为文件指针。可将文件的 FILE 结构体变量的地址赋给文件指针,从而在文件和文件指针之间建立起联系。C 语言把文件指针作为文件的标识。

9.9　编程经验

(1) 当操作文件时,必须遵循"打开"→"读写"→"关闭"这样的操作流程,程序员应养成良好的文件操作习惯。

(2) 当打开文件时,一定要检查 open 函数返回的文件指针是不是 NULL。如果不对文件指针做合法性检查,那么一旦文件打开失败,就会产生错误操作,严重时甚至导致系统崩溃。

(3) 文件读写完之后,一定要关闭文件,否则就会耗尽操作系统提供的资源(文件句柄),最后导致包含文件操作的应用程序无法运行。

(4) 一定要使用正确的文件指针调用文件处理函数。

(5) 请明确禁用程序中不再使用的函数。

(6) 如果不想修改文件的内容，那么最好以只读的方式打开文件。

(7) 请及时地关闭文件，从而释放其他用户或程序正在等待的资源。

(8) FILE 的结构和操作系统有关。

9.10　本章习题

1. 编写程序，将字符串"I love China"写入文件。

2. 阅读程序并回答问题。

(1) 执行以下程序后，test.txt 文件中的内容是(假设这个文件能正常打开)什么？

```c
#include "stdio.h"
void main()
{
    FILE *fp;
    char *s1="Fortran",*s2="Basic";
    if((fp=fopen("test.txt","wb"))==NULL)
    {
        printf("Can't open test.txt file\n");
        exit(1);
    }
    fwrite(s1,7,1,fp);
    fseek(fp,0L,SEEK_SET);
    fwrite(s2,5,1,fp);
    fclose(fp);
}
```

(2) 阅读以下程序，给出运行结果。

```c
#include "stdio.h"
void main()
{
    FILE *fp;char str[10];
    fp=fopen("myfile.dat","w");
    fputs("abc",fp);fclose(fp);
    fpfopen("myfile.data","a++");
    fprintf(fp,"%d",28);
    rewind(fp);
    fscanf(fp,"%s",str); puts(str);
    fclose(fp);
```

```
    }
```

(3) 阅读以下程序，给出运行结果。

```
#include "stdio.h"
 void main()
  {
      FILE *fp; int i, k, n;
      fp=fopen("data.dat", "w+");
      for(i=1; i<6; i++)
      {
         fprintf(fp,"%d ",i);
             if(i%3==0)
         fprintf(fp,"\n");
      }
      rewind(fp);
      fscanf(fp, "%d%d", &k, &n); printf("%d %d\n", k, n);
      fclose(fp);
  }
```

(4) 阅读以下程序，给出运行结果。

```
#include "stdio.h"
void WriteStr(char *fn,char *str)
{
    FILE *fp;
    fp=fopen(fn,"W");
    fputs(str,fp);
    fclose(fp);
}
void main()
{
    WriteStr("t1.dat","start");
    WriteStr("t1.dat","end");
}
```

(5) 阅读以下程序，给出运行结果。

```
#include <stdio.h>
void main()
{
    FILE *fp; int x[6]={1,2,3,4,5,6},i;
    fp=fopen("test.dat","wb");
    fwrite(x,sizeof(int),3,fp);
    rewind(fp);
```

```
        fread(x,sizeof(int),3,fp);
        for(i=0;i<6;i++) printf("%d",x[i]);
        printf("\n");
        fclose(fp);
    }
```

(6) 以下程序试图将通过终端输入的字符输出到名为 abc.txt 的文件中，直到从终端输入字符#时才结束输入输出操作，但这个程序中有错，错在什么地方？

```
#include "stdio.h"
void main()
{
    FILE *fout; char ch;
    fout=fopen('abc.txt','w');
    ch=fgetc(stdin);
    while(ch!='#')
    {
        fputc(ch,fout);
        ch=fgetc(stdin);
    }
    fclose(fout);
}
```

3. 通过键盘输入一些字符，把它们逐个发送到磁盘文件中，直到输入#为止。

4. 假设某班级只有 5 名学生，一共开设了 3 门课程，通过键盘输入学生的学号、姓名、三门课程的成绩等数据，计算出平均成绩，然后将原有的数据和计算出的平均成绩存放到磁盘文件 stud.text 中。

5. 通过键盘输入一个字符串，以!结束，将小写字母全部转换成大写字母，然后保存到一个磁盘文件中。

6. 已知文件 IN6.DAT 中包含 100 条产品销售记录，每条产品销售记录由产品代码 dm(字符型，4 位)、产品名称 mc(字符型，10 位)、单价 dj(整型)、数量 sl(整型)、金额 je(长整型)这几部分组成。其中：金额=单价×数量。函数 ReadDat 的功能是读取这 100 条产品销售记录并存入结构体数组 sell。请编写函数 SortDat，功能要求如下：按产品名称从小到大进行排列，若产品名称相同，则按金额从小到大进行排列，最终的排列结果仍存入结构体数组 sell。最后调用函数 WriteDat，把排列结果输出到 OUT6.DAT 文件中。

7. 选择题

(1) 从用户的角度看，文件分为设备文件和____。

    (A) 普通文件　　　　　　　　(B) 记录文件

    (C) 流式文件　　　　　　　　(D) 文本文件

(2) 可使用____函数打开文件。

    (A) fopen　　　　　　　　　　(B) fclose

    (C) fgetc　　　　　　　　　　(D) fwrite

(3) ____函数的功能是将一个字符写入指定的文件。

(A) fgetc   (B) fputc

(C) getc   (D) putc

(4) ____函数的功能是从指定的文件中读取一个字符串到字符数组中。

(A) fgets   (B) putc

(C) fputs   (D) fgetc

(5) ____函数的功能是从指定的文件中读取规定大小的数据块，然后将读出的数据一次性存入指定的缓冲区。

(A) fopen   (B) fputs

(C) fread   (D) fwrite

(6) ____函数的功能是按格式对文件执行输入操作。

(A) fprintf   (B) rewind

(C) fscanf   (D) fseek

(7) 如果需要测试文件是否出现错误，那么需要调用____函数。

(A) fopen   (B) fread

(C) ferror   (D) feof

附录 A

ASCII表

ASCII 码值	控制字符	ASCII 码值	控制字符	ASCII 码值	控制字符	ASCII 码值	控制字符
0	NUT	32	(space)	64	@	96	、
1	SOH	33	!	65	A	97	a
2	STX	34	"	66	B	98	b
3	ETX	35	#	67	C	99	c
4	EOT	36	$	68	D	100	d
5	ENQ	37	%	69	E	101	e
6	ACK	38	&	70	F	102	f
7	BEL	39	,	71	G	103	g
8	BS	40	(	72	H	104	h
9	HT	41	)	73	I	105	i
10	LF	42	*	74	J	106	j
11	VT	43	+	75	K	107	k
12	FF	44	,	76	L	108	l
13	CR	45	-	77	M	109	m
14	SO	46	.	78	N	110	n
15	SI	47	/	79	O	111	o
16	DLE	48	0	80	P	112	p
17	DCI	49	1	81	Q	113	q
18	DC2	50	2	82	R	114	r
19	DC3	51	3	83	X	115	s
20	DC4	52	4	84	T	116	t
21	NAK	53	5	85	U	117	u
22	SYN	54	6	86	V	118	v
23	TB	55	7	87	W	119	w
24	CAN	56	8	88	X	120	x
25	EM	57	9	89	Y	121	y
26	SUB	58	:	90	Z	122	z

(续表)

ASCII 码值	控制字符	ASCII 码值	控制字符	ASCII 码值	控制字符	ASCII 码值	控制字符
27	ESC	59	;	91	[	123	{
28	FS	60	<	92	/	124	|
29	GS	61	=	93	]	125	}
30	RS	62	>	94	^	126	~
31	US	63	?	95	—	127	DEL

下面对 ASCII 表中的部分控制字符进行一下说明：

NUL 空 　　　　　VT 垂直制表 　　　　SYN 空转同步

SOH 标题开始 　　FF 走纸控制 　　　　ETB 信息组传送结束

STX 正文开始 　　CR 回车 　　　　　　CAN 作废

ETX 正文结束 　　SO 移位输出 　　　　EM 纸尽

EOY 传输结束 　　SI 移位输入 　　　　SUB 换置

ENQ 询问字符 　　DLE 空格 　　　　　ESC 换码

ACK 承认 　　　　DC1 设备控制 1 　　FS 文字分隔符

BEL 报警 　　　　DC2 设备控制 2 　　GS 组分隔符

BS 退格 　　　　 DC3 设备控制 3 　　RS 记录分隔符

HT 横向列表 　　 DC4 设备控制 4 　　US 单元分隔符

LF 换行 　　　　 NAK 否定 　　　　　DEL 删除

附录 B
C运算符及其优先级

优先级	运算符	名称或含义	使用形式	结合方向
1	[]	数组下标	数组名[常量表达式]	从左到右
	()	圆括号	(表达式)/函数名(形参表)	
	.	成员选择(对象)	对象.成员名	
	->	成员选择(指针)	对象指针->成员名	
2	-	负号运算符	-表达式	从右到左
	(类型)	强制类型转换	(数据类型)表达式	
	++	自增运算符	++变量名/变量名++	
	--	自减运算符	--变量名/变量名--	
	*	取值运算符	*指针变量	
	&	取址运算符	&变量名	
	!	逻辑非运算符	!表达式	
	~	按位取反运算符	~表达式	
	sizeof	长度运算符	sizeof(表达式)	
3	/	除	表达式/表达式	从左到右
	*	乘	表达式*表达式	
	%	余数(取模)	整型表达式/整型表达式	
4	+	加	表达式+表达式	从左到右
	-	减	表达式-表达式	
5	<<	左移	变量<<表达式	从左到右
	>>	右移	变量>>表达式	
6	>	大于	表达式>表达式	从左到右
	>=	大于或等于	表达式>=表达式	
	<	小于	表达式<表达式	
	<=	小于或等于	表达式<=表达式	
7	==	等于	表达式==表达式	从左到右
	!=	不等于	表达式!= 表达式	

(续表)

优先级	运算符	名称或含义	使用形式	结合方向
8	&	按位与	表达式&表达式	从左到右
9	^	按位异或	表达式^表达式	从左到右
10	|	按位或	表达式|表达式	从左到右
11	&&	逻辑与	表达式&&表达式	从左到右
12	||	逻辑或	表达式||表达式	从左到右
13	?:	条件运算符	表达式 1?表达式 2:表达式 3	从右到左
14	=	赋值运算符	变量=表达式	从右到左
	/=	除后赋值	变量/=表达式	
	*=	乘后赋值	变量*=表达式	
	%=	取模后赋值	变量%=表达式	
	+=	加后赋值	变量+=表达式	
	-=	减后赋值	变量-=表达式	
	<<=	左移后赋值	变量<<=表达式	
	>>=	右移后赋值	变量>>=表达式	
	&=	按位与后赋值	变量&=表达式	
	^=	按位异或后赋值	变量^=表达式	
	|=	按位或后赋值	变量|=表达式	
15	,	逗号运算符	表达式,表达式,…	从左到右

参 考 文 献

[1] 谭浩强. C 程序设计[M]. 5 版. 北京：清华大学出版社，2019

[2] K.N.King. C 语言程序设计现代方法[M]. 2 版. 吕秀锋，黄倩，译. 北京：人民邮电出版社，2010

[3] Stephen Prata. Primer Plus 中文版[M]. 6 版. 姜佑，译. 北京：人民邮电出版社，2019

[4] 明日科技. C 语言项目开发实战入门[M]. 长春：吉林大学出版社，2017

[5] 王一萍，梁伟，李长荣. C 语言从入门到项目实战. 北京：中国水利水电出版社，2019

[6] 彭慧卿，邢振祥. C 语言程序设计. 北京：清华大学出版社，2013

[7] 苏小红，王宇颖，孙志岗. C 语言程序设计[M]. 3 版. 北京：高等教育出版社，2015

[8] 王敬华，林萍，张清国. C 语言程序设计教程[M]. 2 版. 北京：清华大学出版社，2009

[9] 贾宗璞，许合利. C 语言程序设计. 北京：中国铁道出版社，2017

[10] 教育部考试中心. 全国计算机等级考试二级教程——C 语言程序设计[M]. 北京：高等教育出版社，2020

[11] David Conger. 软件开发：编程与设计[M]. 朱剑平，译. 北京：清华大学出版社，2006

[12] H.M.Deitel，P.J.Deitel. C 程序设计教程[M]. 薛万鹏，译. 北京：机械工业出版社，2007

[13] 高涛，陆丽娜. C 语言程序设计[M]. 西安：西安交通大学出版社，2007

[14] 杨起帆. C 语言程序设计教程[M]. 杭州：浙江大学出版社，2006

[15] 陈宝贤. C 语言程序设计教程[M]. 北京：人民邮电出版社，2005

[16] 楼永坚，吴鹏，徐恩友. C 语言程序设计[M]. 北京：人民邮电出版社，2006

[17] Eric S.Roberts. C 语言的科学和艺术[M]. 翁惠玉，张冬荣，杨鑫，等译. 北京：机械工业出版社，2005

[18] 顾元刚. C 语言程序设计教程[M]. 北京：机械工业出版社，2004

[19] 廖雷. C 语言程序设计基础[M]. 北京：高等教育出版社，2004

[20] 李春葆. C 语言程序设计题典[M]. 北京：清华大学出版社，2002